编委会

高等学校"十四五"规划酒店管理与数字化运营专业新形态教材

总主编

周春林　全国旅游职业教育教学指导委员会副主任委员，教授

编　委（排名不分先后）

臧其林　苏州旅游与财经高等职业技术学校党委书记、校长，教授
叶凌波　南京旅游职业学院校长
姜玉鹏　青岛酒店管理职业技术学院校长
李　丽　广东工程职业技术学院党委副书记、校长，教授
陈增红　山东旅游职业学院副校长，教授
符继红　云南旅游职业学院副校长，教授
屠瑞旭　南宁职业技术学院健康与旅游学院党委书记、院长，副教授
马　磊　河北旅游职业学院酒店管理学院院长，副教授
王培来　上海旅游高等专科学校酒店与烹饪学院院长，教授
王姣蓉　武汉商贸职业学院现代管理技术学院院长，教授
卢静怡　浙江旅游职业学院酒店管理学院院长，教授
刘翠萍　黑龙江旅游职业技术学院酒店管理学院院长，副教授
苏　炜　南京旅游职业学院教务处处长，副教授
唐凡茗　桂林旅游学院酒店管理学院院长，教授
石　强　深圳职业技术学院管理学院院长，教授
李　智　四川旅游学院希尔顿酒店管理学院副院长，教授
匡家庆　南京旅游职业学院酒店管理学院教授
伍剑琴　广东轻工职业技术学院酒店管理学院教授
刘晓杰　广州番禺职业技术学院旅游商务学院教授
张建庆　宁波城市职业技术学院旅游学院教授
黄　昕　广东海洋大学数字旅游研究中心副主任/问途信息技术有限公司创始人
汪京强　华侨大学旅游实验中心主任，博士，正高级实验师
王光健　青岛酒店管理职业技术学院酒店管理学院副院长，副教授
方　堃　南宁职业技术学院健康与旅游学院酒店管理与数字化运营专业带头人，副教授
邢宁宁　漳州职业技术学院酒店管理与数字化运营专业主任，专业带头人
曹小芹　南京旅游职业学院旅游外语学院旅游英语教研室主任，副教授
钟毓华　武汉职业技术学院旅游与航空服务学院副教授
郭红芳　湖南外贸职业学院旅游学院副教授
彭维捷　长沙商贸旅游职业技术学院湘旅学院副教授
邓逸伦　湖南师范大学旅游学院副教授
沈蓓芬　宁波城市职业技术学院旅游学院教师
支海成　南京御冠酒店总经理，副教授
杨艳勇　北京贵都大酒店总经理
赵莉敏　北京和泰智研管理咨询有限公司总经理
刘懿纬　长沙菲尔德信息科技有限公司总经理

高等学校"十四五"规划酒店管理
与数字化运营专业新形态教材

总主编 ◎ 周春林

宴会设计与运营管理

主　编　邢宁宁　汪京强
副主编　陈斐斐　吴艺梅　姜武平
　　　　顾燕云　王晓燕　丁　鑫

YANHUI SHEJI YU
YUNYING GUANLI

华中科技大学出版社
http://press.hust.edu.cn
中国·武汉

内 容 提 要

本教材是酒店管理与数字化运营专业核心课程配套的一本设计与运营相结合的新型教材,内容涵盖需求调查、宴会各元素的设计、宴会数字化运营与管理等多个方面,其特点在于融入市场营销基础理论、智能化技术软件、数字化运营方法,并与行业实际需求紧密结合。本教材满足72课时及以上的教学计划,遵循以学生为中心的教学理念来设计编写。项目一"消费者宴会需求分析"以数据调查与分析为主;项目二"主题宴会空间设计"融入设计软件;项目三"主题宴会餐台设计"融入艺术设计跨专业知识;项目四"主题宴会菜单设计"融入AI设计工具;项目五"主题宴会活动设计"突出创新设计;项目六"主题宴会策划设计"强调规范化文案撰写要求;项目七"主题宴会运营与管理"创新融入运营理论和数字化方法。

本教材适合高职本科、高职和中职的旅游专业教师及学生使用,也可作为行业培训人员的参考书。

图书在版编目(CIP)数据

宴会设计与运营管理 / 邢宁宁,汪京强主编. -- 武汉:华中科技大学出版社,2025.1. -- ISBN 978-7-5772-1483-2

Ⅰ. TS972.32;F719.3

中国国家版本馆CIP数据核字第20247GG238号

宴会设计与运营管理
Yanhui Sheji yu Yunying Guanli

邢宁宁　汪京强　主编

策划编辑:	李家乐
责任编辑:	张　琳
封面设计:	原色设计
责任校对:	李　弋
责任监印:	周治超
出版发行:	华中科技大学出版社(中国·武汉)　电话:(027)81321913
	武汉市东湖新技术开发区华工科技园　邮编:430223
录　　排:	孙雅丽
印　　刷:	武汉市洪林印务有限公司
开　　本:	787mm×1092mm　1/16
印　　张:	12.25
字　　数:	249千字
版　　次:	2025年1月第1版第1次印刷
定　　价:	49.90元

本书若有印装质量问题,请向出版社营销中心调换
全国免费服务热线:400-6679-118　竭诚为您服务
版权所有　侵权必究

总序

2021年,习近平总书记对全国职业教育工作作出重要指示,强调要加快构建现代职业教育体系,培养更多高素质技术技能人才、能工巧匠、大国工匠。同年,教育部对职业教育专业目录进行全面修订,并启动《职业教育专业目录(2021年)》专业简介和专业教学标准的研制工作。

新版专业目录中,高职"酒店管理"专业更名为"酒店管理与数字化运营"专业,更名意味着重大转型。我们必须围绕"数字化运营"的新要求,贯彻党中央、国务院关于加强和改进新形势下大中小学教材建设的意见,落实教育部《职业院校教材管理办法》,联合校社、校企、校校多方力量,依据行业需求和科技发展趋势,根据专业简介和教学标准,梳理酒店管理与数字化运营专业课程,更新课程内容和学习任务,加快立体化、新形态教材开发,服务于数字化、技能型社会建设。

教材体现国家意志和社会主义核心价值观,是解决培养什么人、怎样培养人以及为谁培养人这一根本问题的重要载体,是教学的基本依据,是培养高质量优秀人才的基本保证。伴随我国旅游高等职业教育的蓬勃发展,教材建设取得了明显成果,教材种类大幅增加,教材质量不断提高,对促进旅游高等职业教育发展起到了积极作用。在2021年首届全国教材建设奖评审中,有400种职业教育与继续教育类教材获奖。其中,旅游大类获评一等奖优秀教材3种、二等奖优秀教材11种,高职酒店类获奖教材有3种。当前,酒店职业教育教材同质化、散沙化和内容老化、低水平重复建设现象依然存在,难以适应现代技术、行业发展和教学改革的要求。

在信息化、数字化、智能化叠加的新时代,新形态高职酒店类教材的编写既是一项研究课题,也是一项迫切的现实任务。应根据酒店管理与数字化运营专业人才培养目标准确进行教材定位,按照应用导向、能力导向要求,优化设计教材内容结构,将工学结合、产教融合、科教融合和课程思政等理念融入教材，带入课堂。应面向多元化生源，研究酒店数字化运营的职业特点及人才培养的业务规格，突破传统教材框架，探索高职学生易于接受的学习模式和内容体系，编写体现新时代高职特色的专业教材。

我们清楚，行业中多数酒店数字化运营的应用范围仅限于前台和营销渠道，部分酒店应用了订单管理系统，但大量散落在各个部门的有关顾客和内部营运的信息数据没有得到有效分析，数字化应用呈现碎片化。高校中懂专业的数字化教师队伍和酒店里懂营运的高级技术人才是行业在数字化管理进程中的最大缺位，是推动酒店职业教育数字化转型面临的最大困难，这方面人才的培养是我们努力的方向。

高职酒店管理与数字化运营专业教材的编写是一项系统工程，涉及"三教"改革的多个层面，需要多领域高效协同研发。华中科技大学出版社与南京旅游职业学院、广州市问途信息技术有限公司合作，在全国范围内精心组织编审、编写团队，线下召开酒店管理与数字化运营专业新形态系列教材编写研讨会，线上反复商讨每部教材的框架体例和项目内容，充分听取主编、参编教师和业界专家的意见，在此特向参与研讨、提供资料、推荐主编和承担编写任务的各位同仁表示衷心的感谢。

该套教材力求体现现代酒店职业教育特点和"三教"改革的成果，突出酒店职业特色与数字化运营特点，遵循技术技能人才成长规律，坚持知识传授与技术技能培养并重，强化学生职业素养养成和专业技术积累，将专业精神、职业精神和工匠精神融入教材内容。

期待这套凝聚全国旅游类高职院校多位优秀教师和行业精英智慧的教材，能够在培养我国酒店高素质、复合型技术技能人才方面发挥应有的作用，能够为高职酒店管理与数字化运营专业新形态系列教材协同建设和推广应用探出新路子。

全国旅游职业教育教学指导委员会副主任委员

周春林　教授

前言

2021年3月,教育部颁布了《职业教育专业目录(2021年)》,酒店管理专业正式更名为酒店管理与数字化运营专业,课程新标准强调了课程改革中数字化内容和方法的融入。从专业发展的角度,这一改革必须推进,但这个过程中的"破"与"立"确实有些难度,难在教师新知识的迭代和新方法的应用。我们解决这一问题的方法是抓主要矛盾,也就是先从专业的核心课程入手,特别是涉及产品设计、应用软件使用,以及能结合数字化运营与管理的课程。传统的宴会设计与管理课程就是典型的代表,配套的教材也急需更新。

为了保证教师编写的质量和效率,我们精心挑选了一支编写团队,成员包括在高校从事宴会课程教学多年的资深教师,有虚拟仿真、数字化营销教学经验的教师,指导教育部餐厅服务、酒店服务比赛并多次荣获奖项的教师,以及在酒店专业领域具有数十年行业经验和竞赛裁判经验的教师。

本教材具有以下四个方面的特点。

1.任务驱动的编写模式

本教材的编写体例借鉴了"任务驱动"教学方法的理念和模式。以学生为中心,通过设定实际任务来激发学生的学习兴趣。这种方法强调学生在教师的引导下,围绕一个共同的任务活动,通过强烈的问题动机驱动,积极主动地应用学习资源,进行探索式学习和互动式协作,通过完成既定任务来检验和总结学习成果,从而改变学生的学习状态,使学生主动建构高智慧的学习体系。本教材的每个任务包括任务情境、任务要求、任务实施、知识学习、任务呈现、任务评价、任务总结七个环节。其中,留有大量空白区域供学生分工合作、记录反思和总结。

2.融入智能化软件平台的教材技术应用

本教材打破了传统宴会课程面临的"只讲理论、不讲实操""实操成本高""作品不直观、考评难度大"的困境,创新性地融入了智能化、操作简单化的虚拟仿真设计软件,能实现宴会场地空间设计、宴会餐台设计、宴会菜单设计等2D和3D作品的直观呈现,不仅能提高学生的学习兴趣和知识的应用深度,还显著提高了教师对学生点评和考核的精准程度。另外,所采用的软件公开免费,在一定程度上能降低学校的教学成本。

3. 线上、线下相结合的教材数字互动资源

本教材采用数字化的系统设计理念,基于在线教学平台和省级精品课程,设计与教材相关联的数字资源库,包括课程标准、课程设计、课件、微课、课程题库、课程评价体系等。还应用AI助学功能,解决教材使用、授课和竞赛过程中的问题,提供知识图谱、软件工具、虚拟仿真资源,通过数字模型分析学生的知识掌握程度,完成评教、评学活动,助力教科研提升。

4. 融合"岗课赛证"的教材专业内容

本教材融合了相关行业实际运营内容,参考职业技能大赛主题宴会设计模块评价指标体系,以及餐厅服务员国家职业技能标准、1+X餐厅服务运营管理标准等。内容体系完整、主次分明、图文并茂、简明易懂。

本教材由漳州职业技术学院文化旅游学院酒店管理与数字化运营专业的邢宁宁博士和华侨大学旅游国家级虚拟仿真实验教学中心的汪京强博士负责制定大纲体例和统稿。编写团队各成员分工合作,其中,项目一"消费者宴会需求分析"由汪京强博士、王晓燕、丁鑫老师负责;项目二"主题宴会空间设计"由邢宁宁博士负责;项目三"主题宴会餐台设计"由顾燕云老师负责;项目四"主题宴会菜单设计"由陈斐斐老师负责;项目五"主题宴会活动设计"由姜武平老师和邢宁宁博士负责;项目六"主题宴会策划设计"由吴艺梅老师负责;项目七"主题宴会运营与管理"由邢宁宁博士负责。同时,本教材的顺利完成还要感谢华中科技大学出版社的李家乐编辑。正是因为全体编写人员的共同努力及诸多教师和专业人士的支持,本教材才得以顺利付梓。另外,书中一些资料源于互联网,我们一直积极与相关著作权人联系,但仍有部分未联系上,请在见到本书后与我们联系,在此一并表示歉意和感谢。

最后,本教材的贡献在于将数字化、智能化的理念和软件平台应用于宴会设计与运营管理的理论和实操体系中。但由于信息技术的高速发展,软件平台的快速更新迭代,人工智能的不断完善,设计的技术和方法几乎每年都在发生变化。这是任何一本教材在出版时都难以完全跟上的。教材的使用者不仅需要掌握知识内容的核心本质,做到"万变不离其宗",还要了解最新的市场发展特点和数字运营理论、技术和方法,做到"终身学习",以提高知识应用的质量和效率。本教材也将通过努力不断完善和更新数字化教学资源。读者可以通过扫描二维码进入课程平台,通过AI助学获得更多课程反馈。

由于编写团队水平有限,书中还有诸多不完善之处,恳请各位老师指正。欢迎老师们联系本教材主编邢宁宁博士(xingningning149147@163.com)和汪京强博士(wjqcxt@163.com)。

目录 MULU

项目一　消费者宴会需求分析　　/001

　　任务一　顾客接待与需求分析　　/001
　　任务二　市场调查与需求分析　　/007
　　任务三　调查报告与宴会确定　　/016

项目二　主题宴会空间设计　　/023

　　任务一　主题宴会色彩设计　　/023
　　任务二　宴会空间物品设计　　/040
　　任务三　宴会空间功能设计　　/056
　　任务四　主题宴会台型设计　　/066
　　任务五　主题宴会氛围设计　　/078

项目三　主题宴会餐台设计　　/084

　　任务一　主题宴会餐台物品　　/084
　　任务二　主题宴会餐台设计　　/094

项目四　主题宴会菜单设计　　/102

　　任务一　主题宴会菜品设计　　/102

任务二　主题宴会菜单设计　　　　　　　　　　　　　　　/119

项目五　主题宴会活动设计　　　　　　　　　　　　　　　/129

　　　任务一　主题宴会服务设计　　　　　　　　　　　　　　/129
　　　任务二　主题宴会娱乐活动设计　　　　　　　　　　　　/144

项目六　主题宴会策划设计　　　　　　　　　　　　　　　/150

　　　任务一　主题宴会方案设计　　　　　　　　　　　　　　/150

项目七　主题宴会运营与管理　　　　　　　　　　　　　　/156

　　　任务一　主题宴会运营　　　　　　　　　　　　　　　　/156
　　　任务二　主题宴会管理　　　　　　　　　　　　　　　　/173

参考文献　　　　　　　　　　　　　　　　　　　　　　　/182

项目一
消费者宴会需求分析

任务一　顾客接待与需求分析

任务情境

营销部经理在会议中向团队提出了要求,务必做好顾客接待工作,并着重强调需与到店顾客进行深入沟通。你作为宴会部的营销人员,被安排接待一位有预约的顾客。

任务要求

通过本任务,明确宴会顾客接待与需求分析的内容、要求及目标,为顾客设计定制化的主题宴会做好准备,具体如下。

具体内容、要求及目标

内容	要求	目标
顾客接待流程	随顾客的情况而变化	知识目标:掌握顾客接待基本流程 能力目标:能顺利接待到店顾客 素质目标:增强服务流程意识
顾客沟通策略	灵活运用沟通策略	知识目标:掌握与顾客沟通的策略 能力目标:能与顾客深度沟通 素质目标:提升沟通技巧
顾客需求分析	挖掘顾客个性化需求	知识目标:掌握需求分析方法 能力目标:能深入挖掘顾客个性化需求 素质目标:具备洞察力和同理心

学生分组表

班级		组名		组长		指导老师	
组员	学号		姓名		任务		汇报轮转顺序
备注							

任务实施计划

资料搜集整理	
任务实施计划	

一、顾客接待流程

引导问题1：酒店宴会顾客接待流程是什么？

1. 迎宾问候

当顾客步入店铺或服务区域时，立即起身，面带微笑，以自然、热情的语气向顾客致以问候，如"您好，欢迎光临！"或"早上好，请问您有什么需要帮忙的吗？"

2. 引导入座

主动询问顾客是否需要就座，如若需要，引导其至酒店大堂吧或者休息区的座位，确保座椅干净、舒适，为顾客提供茶水或咖啡。

3. 需求询问

通过开放式问题引导顾客表达需求，如"请问您今天是想了解哪方面的产品或服务呢？"或"您对哪方面有特殊的要求或期待吗？"

4. 产品/服务介绍

根据顾客需求，详细介绍宴会相关产品与服务的价格及售后保障等信息，同时强调其独特卖点。

5. 解答疑问

耐心解答顾客提出的所有问题，包括产品或服务的细节、优惠价格等，确保顾客满意。

6. 提供方案/推荐

结合顾客的需求、预算及喜好，为顾客推荐几款合适的宴会产品与服务，并解释推荐理由。

7. 确认订单/安排

与顾客确认预订详情，包括宴会的时间、地点、菜品需求、服务需求、宴会的主题、风格等，并安排相应的定金事宜。

8. 礼貌送别

在顾客离开前，再次向顾客表示感谢，如"感谢您的信任，祝您生活愉快！"或"期待下次再见！"同时，根据情况为顾客提供必要的引导或帮助，如指引出口方向、协助携带物品等。

二、顾客沟通策略

> 引导问题2：与顾客深入沟通的策略有哪些？

1. 倾听顾客需求

首先，给予顾客充分的表达空间，耐心倾听他们的需求、关切的问题和期望。通过积极的倾听，可以更好地理解顾客的真实意图，为后续沟通打下坚实的基础。

2. 使用友好语言

采用易于理解、亲切友好的语言与顾客沟通，避免使用专业术语或复杂的表述。

3. 主动询问

在销售或服务过程中，主动询问顾客的需求、期望，了解他们的真实想法和感受。

4. 提问技巧

通过开放式问题和引导式问题，引导顾客表达自己的需求和想法，进一步深入了解顾客需求。

5. 情感共鸣建立

通过情感交流，与顾客建立共鸣，增强彼此之间的信任感和亲近感。

6. 及时反馈响应

对顾客的询问、疑惑或建议给予及时、有效的反馈和响应，展现酒店人员的专业性和责任感。

三、顾客需求分析

> 引导问题3：如何深入挖掘顾客的个性化需求？

可以通过面对面深度访谈的方法来深入挖掘顾客的个性化需求。深度访谈是一种无结构或半结构的访问形式。它允许访谈者与受访者围绕某个主题或范围进行自由的交谈，以揭示受访者对某一问题的潜在动机、态度和情感。深度访谈分为以下几个步骤。

（1）准备阶段：明确访谈目的和问题；设计访谈大纲，但保持灵活性。

（2）访谈阶段：建立信任和亲密关系，营造轻松的氛围；使用开放性和探索性问题，鼓励受访者自由表达；根据受访者的回答灵活调整问题方向；注意倾听并观察受访者的微表情和肢体语言；保持访谈的连贯性和逻辑性。

（3）结束阶段：对访谈内容进行简要总结；表达对受访者的感谢和尊重；整理和分析访谈资料。

通过深度访谈分析的宴会顾客的个性化需求主要有以下两个方面。

（1）文化需求分析：顾客对宴会是否有深刻的文化理解，是否希望宴会中融入某种文化内涵，如婚宴中融入中华传统服饰文化、仪式文化等。

（2）情感需求分析：顾客是否希望在宴会中表达某种情绪情感，如寿宴中表达"福如东海、寿比南山"的长寿祝愿和期盼。

下面是一段顾客文化、情感需求方面的描述：对我们这样一个超过14亿人口的大国来说，农业基础地位任何时候都不能忽视和削弱，"手中有粮、心中不慌"在任何时候都是真理。保障粮食安全、端牢中国饭碗，号召全国人民节约粮食、反对浪费。为了响应国家政策，某企业计划举办以"守护粮心"为主题的年终总结晚宴，要求整场宴会设计能够让全体员工深入体会粮食的来之不易，强化节约意识，守护对粮食的本善之心、敬畏之心，以强化企业的感恩文化，提醒员工铭记初心，为国家与企业的长远发展不懈奋斗，勇往直前。

（资料来源：主编指导的第一届中华技能大赛国赛精选餐厅服务员项目中餐宴会设计书）

1. 现场角色扮演完成预约顾客接待任务，并上传视频至在线学习平台。

2. 对你所接待顾客的宴会个性化需求进行分析并描述。

工作任务评价表

任务评价内容	分数					
	优	良	中	可	差	劣
	20	16	12	8	4	0
1.掌握顾客接待流程						
2.掌握顾客沟通策略						
3.掌握顾客需求分析方法						
4.能顺利进行顾客接待与沟通						
5.能进行顾客个性化需求分析						

续表

任务评价内容	分数					
	优	良	中	可	差	劣
	20	16	12	8	4	0
总分						
等级						

A＝90分及以上；B＝80～89分；C＝70～79分；D＝60～69分；E＝60分以下

学习态度评价表

学习态度评价项目	分数					
	优	良	中	可	差	劣
	10	8	6	4	2	0
1.言行得体,服装整洁,容貌端庄						
2.准时上课和下课,不迟到、早退						
3.遵守秩序,不吵闹喧哗						
4.阅读讲义及参考资料						
5.遵循教师的指导进行学习						
6.上课认真、专心						
7.爱惜教材、教具及设备						
8.有疑问时主动寻求协助						
9.能主动融入小组合作和探讨						
10.能主动使用数字平台工具						
总分						
等级						

A＝90分及以上；B＝80～89分；C＝70～79分；D＝60～69分；E＝60分以下

任务总结

目标总结：顾客接待与需求分析部分要掌握酒店宴会顾客接待基本流程，掌握顾客沟通策略,掌握需求分析方法,能顺利完成顾客接待,深入挖掘顾客个性化需求,并能达成顾客预订酒店宴会产品的目标。

收获与体验:_____

_____

_____

任务二　市场调查与需求分析

任务情境

营销部经理在会上要求运营团队完成酒店宴会目标客源市场的调查与宴会潜在顾客需求分析的任务。请你的团队根据运营工作要求,及时完成任务分工,做好市场调查与宴会需求分析等工作。

任务要求

通过本任务,明确酒店宴会市场调查与需求分析的内容、要求及目标,为酒店设计符合目标客户群体需求的主题宴会提供参考依据。具体如下。

具体内容、要求及目标

内容	要求	目标
市场调查流程	做好调查前的计划	知识目标:掌握酒店宴会市场调查流程 能力目标:能进行酒店宴会市场调查 素质目标:具备流程计划思维
市场调查方法	灵活运用调查方法	知识目标:掌握市场问卷调查方法 能力目标:能使用问卷进行市场调查 素质目标:具备使用方法和工具的意识
顾客需求分析	全面分析顾客需求	知识目标:掌握顾客需求分析方法 能力目标:能分析顾客的宴会需求 素质目标:具备数据分析思维

 任务实施

学生分组表

班级		组名		组长		指导老师	
组员	学号		姓名		任务		汇报轮转顺序
备注							

任务实施计划

资料搜集整理	
任务实施计划	

 知识学习

一、市场调查流程

引导问题1：酒店市场调查流程是什么？

市场调查的流程主要包括以下步骤。

1. 制订调查计划

明确调查的内容，确定调查的对象和范围，选用合适的调查方法，准确设计要调查的问题，编制调查计划，并对调查人员进行培训。

2. 实际调查

调查人员需秉持客观态度，避免以主观想象代替客观事实。在提问过程中，不得使用诱导性语言，应深入剖析调查中出现的新问题，以确保调查能够取得更好的效果。

3. 编写调查报告

编写前需分析研究调查中所获得的资料，然后写出有分析的调查报告，报告的主要内容应包括调查的对象、过程、结果及调查的结论和建议。

二、市场调查方法

引导问题2：酒店市场调查有哪些方法？

酒店市场调查的方法包括电话访问法、入户访问法、拦截访问法、小组座谈法、深度访谈法、在线访问法、问卷调查法和观察客户法等。其中，问卷调查法是酒店市场调查中的常见且重要的方法。问卷调查法主要包括以下步骤。

1. 明确研究目的和调查问题

在开始设计问卷之前，需要明确研究的目的和要解决的问题，这有助于确定所需的调查内容，并为后续的数据分析提供明确的方向。

2. 设计问卷

根据研究目的和问题，设计问卷的各个部分，包括开场白、指导语、问题、答案和结束语。同时，需要制定统一的编码规则和答案选项，以便后续的数据录入和分析。

3. 确定受访群体并收集数据

确定受访群体并选择合适的调查方式来收集数据，如在线调查、邮寄调查、电话调查和面对面访谈等。在收集数据时，需要确保受访者的隐私和匿名性。

4. 数据清洗和数据分析

对收集到的数据进行清洗和分析,包括检查数据的质量、处理缺失值、删除重复数据等。数据分析可以帮助调查者了解受访者的观点、态度和行为。

5. 得出结论并提出建议

在数据分析之后,调查者可以得出结论并根据研究目的提出相应的建议。

图1-1是主编自主设计的宴会调查问卷(部分)示例。

毕业宴会设计项目调查问卷

旅游管理学院/酒店管理与数字化运营专业/宴会设计创意小组

亲爱的同学,您好。为了给您创造一个有意义、值得一生回忆的宴会,我们正在进行毕业宴会相关的调查。以下问卷需要您填写,所填信息只作为项目分析使用,对您个人信息绝对保密。谢谢您的合作。

第一部分:宴会主题及内涵、宴会承办时间及地点

1.您在多大程度上期待一场毕业宴会?
　A.非常期待　　B.很期待　　C.期待　　D.不期待　　E.非常不期待

2.蜕变反映了您大学四年的心理成长历程。您是否喜欢"蜕变"这个毕业宴会主题?
　A.非常喜欢　　B.很喜欢　　C.喜欢　　D.不喜欢　　E.非常不喜欢
　若不喜欢"蜕变"主题,您喜欢的宴会主题是_____。

3.您喜欢毕业宴会定在什么时间?_____。

4.您喜欢在哪里举行毕业宴会?(可多选)
　A.学校　　　　B.酒店　　　C.独立餐厅　　D.会所　　E.KTV
　F.室内　　　　G.室外　　　H.其他地点
　若是学校,请明具体地点:_____。
　若是酒店,请说明档次或星级:_____。
　若是独立餐厅,请说明餐厅档次:_____。

第二部分:宴会场景及台面设计

5.您最喜欢的毕业宴会类型是?
　A.中式宴会(圆桌共餐)　　B.西式宴会(方桌分餐)　　C.中西结合(圆桌分餐)

6.您最喜欢的毕业宴会风格是?
　A.古典　　　B.现代　　　C.后现代(工业风)
　D.其他_____。

7.您喜欢的毕业宴会的氛围是?
　A.轻松愉快　　B.正式端重　　C.活泼热闹　　D.疯狂吵闹
　E.其他_____。

8.您最喜欢的毕业宴会音乐类型是?
　A.摇滚乐　　B.轻音乐　　C.爵士乐　　D.民族乐
　E.其他_____。

9.若是室内宴会,您最喜欢下列哪种类型的灯具装饰物?
　A.古典西式　　B.古典中式　　C.日式　　D.现代式
　……

图1-1　宴会调查问卷(部分)(主编自制)

第五部分:菜单与菜品设计
13.您希望在毕业宴会拿到一份菜单吗？
A.非常希望　　　B.很希望　　　C.希望　　　D.不希望　　　E.非常不希望
14.若菜单设计得非常精致,可以成为毕业宴会礼物,您会喜欢吗？
A.非常喜欢　　　B.很喜欢　　　C.喜欢　　　D.不喜欢　　　E.非常不喜欢
15.您希望菜单中的菜肴名称包含哪些要素？(可多选)
A.原材料　　　B.调料　　　C.色泽　　　D.味道　　　E.造型
F.盛器　　　G.加工方法　　　H.典故　　　I.美好寓意
16.您希望在毕业宴会上体验哪种菜系？
A.闽菜　　　B.川菜　　　C.粤菜　　　D.鲁菜　　　E.淮扬菜
F.湘菜　　　G.徽菜　　　H.多种菜式体验
17.您觉得菜单里菜肴的名称与寓意重要吗？
A.非常重要　　　B.很重要　　　C.重要　　　D.不重要　　　E.非常不重要
18.您喜欢的菜单设计包括以下哪些元素？(可多选)
A.菜肴图片　　　B.菜肴价格　　　C.菜品名称　　　D.其他创意图案设计

第六部分:宴会活动及服务设计
19.毕业宴会中您希望有哪些娱乐或游戏活动？_____。
20.您希望毕业宴会上有节目表演吗？
A.非常希望　　　B.很希望　　　C.希望　　　D.不希望　　　E.非常不希望
21.毕业宴会中您希望能够发表离别感言吗？
A.非常希望　　　B.很希望　　　C.希望　　　D.不希望　　　E.非常不希望
22.您希望毕业宴会中有指定的席位安排吗？
A.非常希望　　　B.很希望　　　C.希望　　　D.不希望　　　E.非常不希望
23.您喜欢毕业宴会的用餐形式是？
A.自助餐　　　B.冷餐(鸡尾酒会,非正式)　　　C.围坐形式

第七部分:宴会承办预算
24.您能接受的包括宴会场地费用是_____。
25.您能接受的宴会主题设计费用是_____。
26.您能接受的宴会酒水费用是_____。
27.您能接受的宴会菜肴费用是_____。
28.宴会所需的酒水您会选择？
A.外带　　　B.策划方承包

第八部分:宴会管理方案及突发事件预案
29.您觉得毕业宴会中可能会发生哪些突发事件？_____。

第九部分:宴会营销推广
30.在哪种营销形式下,您最可能预订毕业宴会？
A.情感营销　　　B.绿色营销　　　C.知识营销　　　D.体验营销
E.差异化营销　　　F.其他
31.您希望通过什么媒介了解产品(宴会)信息？
A.电视　　　B.公交车站牌广告　　　C.手机　　　D.电脑　　　E.其他

续图1-1

```
第十部分:个人信息情况
32.您现在读大学几年级?
  A.大一          B.大二          C.大三          D.大四
  E.其他_____。
33.你的性别?
  A.男            B.女
34.你的年龄? _____。
35.你的专业? _____。
```

续图 1-1

三、顾客需求分析

引导问题3:如何通过问卷调查结果分析顾客需求?

通过问卷调查进行宴会调查的主要目的是了解顾客的功能性需求,包括顾客对宴会举办的场地、时间、地点、价格、菜品、风格、色调、场景、氛围、音乐、台面等方面的感性认知和期望,这些内容将在接下来的其他项目中详细讲解。

根据调查目的,对收集的问卷进行简单或复杂的数据分析,包括频数分析和描述性分析等,以统计问卷中各问题的结果。分析的内容涵盖了人口统计学指标,如性别、年龄、学历、职业和工资收入等。数据分析可以通过问卷星等在线问卷调查软件自动完成,并生成可视化的分析结果,示例如图1-2所示。

调查者根据数据可视化结果,对顾客的宴会功能性需求进行分析,并做提炼总结,如"此次调研的目标客户群体年龄为20~25岁,他们偏好新中式的宴会风格设计,色彩的选择上更倾向于自然淳朴的色调,如绿色、浅黄色"。

图1-2 问卷调查可视化数据分析结果示例

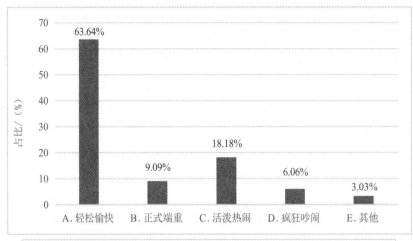

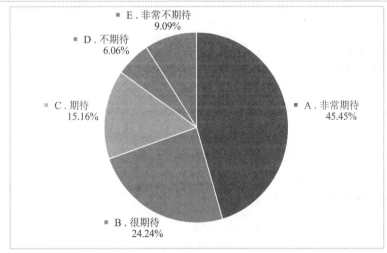

续图 1-2

引导问题 4：数字化时代，如何快速获取顾客的需求和偏好？

在数字化浪潮的推动下，大数据已渗透到各行各业。大数据技术得到了快速发展，逐渐形成了包括数据采集、存储、处理、分析和可视化在内的完整技术体系。客户画像是企业根据收集的客户数据，通过数据分析和数据挖掘，形成对客户特征、行为和需求的全面描述。客户画像的实现分为以下三个步骤。

首先，需要从多个来源收集客户数据，包括企业内部系统、社交媒体、第三方数据提供商等。这些数据可能包括客户的基本信息、购买历史、浏览记录、社交媒体互动等。其次，在收集数据后，需要进行数据整合，将不同来源的数据进行清洗、转换和标准化，以确保数据的质量和一致性。在这个阶段，需要对数据进行清洗，去除噪声、异常值和缺失值等。同时，还需要进行数据转换和标准化，以便后续的数据挖掘和数据分析。在完成数据预处理后，可以利用数据挖掘和分析技术来提取客户的特征和行为模式，这些技术包括聚类分析、关联分析、时间序列分析等。通过深入挖掘客户的购买历史、浏览记录、社交媒体互动等信息,揭示客户的潜在需求和偏好,为后续的画像构建提供有力支持。最后,基于数据挖掘和数据分析的结果,为每个客户构建详细的画像。客户画像包括客户的基本信息、消费习惯、兴趣爱好、社交关系等多个维度。在构建画像时,需要选择合适的标签和权重,以便能够全面、准确地描述客户的特征和行为。同时,还需要实现画像的动态更新和管理,以确保客户画像的时效性和准确性。

客户画像可以通过上述方法实现,酒店可以通过客户关系管理系统(CRM)、官方网站、OTA平台、新媒体平台(如微信公众号、抖音、小红书等)、酒店商城等获得顾客年龄、职业、地区等基本信息,以及消费水平、浏览次数、点评情况、媒体互动等行为信息,处理信息,完成画像。酒店也可以通过数字营销管理平台设置客户标签和权重,为客户行为打标签,完成客户画像,将某类型标签顾客确定为目标客户群体,深入挖掘客户需求与偏好,有针对性地开发酒店产品,进行精准营销和自动化营销。

任务呈现

1. 选定目标市场,设计宴会需求调查问卷,并上传至在线学习平台。

2. 在酒店数字营销系统上完成客户画像制作。

3. 根据问卷调查结果,对目标客户群体的功能性需求进行分析并描述。

任务评价

工作任务评价表

任务评价内容	分数					
	优	良	中	可	差	劣
	25	20	15	10	5	0
1.掌握市场调研流程						
2.掌握市场调研方法						
3.掌握顾客需求分析方法						
4.能进行市场调查与需求分析						
总分						
等级						

A=90分及以上;B=80～89分;C=70～79分;D=60～69分;E=60分以下

学习态度评价表

学习态度评价项目	分数					
	优	良	中	可	差	劣
	10	8	6	4	2	0
1.言行得体,服装整洁,容貌端庄						
2.准时上课和下课,不迟到、早退						
3.遵守秩序,不吵闹喧哗						
4.阅读讲义及参考资料						
5.遵循教师的指导进行学习						
6.上课认真、专心						
7.爱惜教材、教具及设备						
8.有疑问时主动寻求协助						
9.能主动融入小组合作和探讨						
10.能主动使用数字平台工具						
总分						
等级						

A=90分及以上;B=80~89分;C=70~79分;D=60~69分;E=60分以下

任务总结

目标总结:市场调研与顾客需求分析部分的主要内容是市场调查的流程、问卷调查方法、顾客需求的分析。通过学习,学生最终能够完成一场完整的目标客户群体的宴会需求调查,能分析顾客的宴会功能性需求,还能够了解营销软件制作顾客画像的方法。

收获与体验:_____

任务三　调查报告与宴会确定

营销部经理在会上要求运营团队根据此前完成的市场调研与宴会顾客需求分析，完成酒店宴会市场调查报告的撰写与宴会主题确定的任务。请你的团队根据运营工作要求，及时完成任务。

任务要求

通过本任务，明确酒店宴会市场调查与宴会确定的内容、要求及目标，为酒店目标客户群体设计个性化的主题宴会提供来自顾客的一手资料，具体如下。

具体内容、要求及目标

内容	要求	目标
调查报告撰写	逻辑清晰、格式正确	知识目标：掌握酒店市场调查报告撰写结构 能力目标：能撰写一份市场调查报告 素质目标：分析与总结的能力
宴会主题确定	强调主题内涵的文化性和情感性	知识目标：掌握主题的概念、内涵 能力目标：能撰写展现宴会主题内涵的内容 素质目标：融入情感和文化

 **任务实施**

学生分组表

班级		组名		组长		指导老师	
组员	学号		姓名		任务		汇报轮转顺序
备注							

任务实施计划

资料搜集整理	
任务实施计划	

知识学习

一、调查报告撰写

引导问题1：酒店宴会市场调查报告的撰写结构是什么？

撰写酒店宴会市场调研报告需要系统地收集和分析数据，为酒店的宴会业务发展提供科学依据。图1-3展示的是一份酒店宴会市场调研报告的结构示例，其中将访谈结果和问卷调查结果同时进行分析，最后得出需求分析结果，通常访谈结果更能分析出顾客的文化需求和情感需求，问卷调查结果通常以图的形式展现，主要用来分析功能性需求。根据顾客需求分析结论，确定主题内涵，并为宴会命名。

酒店宴会市场调查报告的写作规范要求如下。

（1）数据来源：所有数据需注明来源，确保真实性和可靠性。

（2）图表展示：通过图表直观展示数据，提高报告的可读性。

（3）语言表达：文字简洁明了，逻辑清晰。

（4）格式规范：使用统一的格式和字体，确保报告的专业性和美观性。

按照上述要求，就可以撰写出一份翔实、专业的酒店宴会市场调研报告，为酒店的宴会业务决策提供有力支持。

```
×××宴会调查报告

一、调查过程
（一）访谈过程
访谈者：×××
被访谈者：×××
（二）问卷调查
二、顾客需求分析
（一）文化/理性或情感需求
（二）功能性需求
三、确定主题内涵
四、宴会命名及说明
```

图1-3　酒店宴会市场调查报告（简易版）

二、宴会主题确定

引导问题2：什么是主题宴会与宴会主题？

主题宴会是指以富有一定历史文化内涵的主题为吸引标志，以一定的社交为目的，以一定规格的菜肴、酒品和礼仪程式来宴请宾客的餐饮活动。

宴会主题是宴会的核心，它代表了宴会的主要内容和方向，是宴会设计的灵魂。每一个宴会都是有目的、有主题的。主题的选择应结合多种因素，如家庭的文化背景、特殊事件或季节等，这些因素为宴会的其他设计，如场地布置、菜单设计、服务设计、台面设计以及活动流程等提供方向和灵感。

中餐宴会主题类型和特点如表1-1所示。西餐宴会主题类型和特点如表1-2所示。

表1-1 中餐宴会主题类型和特点

风格类型	设计类型	设计特点
地域民族特色类	1.以地域民风民俗及地方文化为主题； 2.以地域代表性自然景观为主题； 3.以地域文化及景观为主题； 4.以特定民族风情为主题	这类主题特色鲜明，文化挖掘难度较小，能够比较容易抓住设计的灵魂，较好地凸显设计者的想法。以地域特色为主题进行宴会设计时，需要进行细致的考究，使地域特色与餐饮文化完美契合
历史材料类	1.以古今著名文化及其景观为主题； 2.以著名历史人物为主题； 3.以经典文学著作与历史故事为主题； 4.以宫廷礼制为主题	这类主题的巧妙设计可以给人们带来不同寻常的文化享受，能够凸显设计者独特的审美视角和文化功底。体现主题的要素要具有典型性，切忌生搬硬套，否则沦为一堆模型的堆砌，而无任何新意可言
人文休闲意境类	1.以对具体事物的赞美为主题； 2.以某种抽象的审美情趣为主题； 3.以表达人与人之间的某种情感为主题	这类主题是借助餐饮形式来表达人的情感意志，它关注的是人与人之间的情感表达和人的审美情趣，寓情于景，既给人以视觉上的美的享受，又能引起观者的情感共鸣
食品原料类	1.以季节性食品原料为主题； 2.以地域特色性食品为主题	这类主题宴会选取的食品原料要具有地方或季节特色，食品原料的分量应能够支撑起一场主题宴会，并且能反映一定的文化内涵。如果只是盲目跟风，并没有深入探究食品原料的特性和烹制方法，且文化渊源挖掘不彻底，将导致所设计出来的主题空洞无物、单调乏味

续表

风格类型	设计类型	设计特点
养生保健类	1.以某些养生类食品为主题； 2.以特定养生理念为主题	这类主题的挖掘要建立在科学的基础上，对于养生的方法和食材要有比较权威和科学的认知和把握。宴席的布置要与养生的主题相契合，包括所用器具的质地、造型与色彩等，都要与养生的主题相呼应
节庆及祝愿类	1.以中西节日为主题； 2.以大型庆典活动为主题； 3.以生活的美好祝愿或期望为主题； 4.以对人的祝福为主题； 5.以婚庆为主题	这类主题应用广泛，具有周期性并可重复利用，其运作流程相对易于掌控。在设计过程中，需认真细致，充分考虑各类节庆与庆典活动中特定的标志物、公认的礼仪规制及操作程序，以免因对节日庆典特色与规格理解不足而出现差错
休闲娱乐类	1.以某种娱乐节目为主题； 2.以某些特色运动项目为主题； 3.以某种时尚生活方式为主题	这类主题是为了满足现代人的喜好而设计的，比较容易获得人们的喜爱。在挖掘和构思这类主题的过程中，要注意所选元素与餐饮内容应契合，过渡要自然，切忌生搬硬套
公务商务类	1.以某种重大事件为主题； 2.以商务宴请为主题	这类宴会主题鲜明、场面气氛庄重高雅，接待礼仪严格

表1-2 西餐宴会主题类型和特点

风格类型	设计特点
节庆祝愿习俗类	此类主题来源广泛，特点鲜明，其选取点可以是节庆活动，也可以是某种大型的庆典活动，或是对生活的美好祝愿等
时事商务活动类	此类宴会主题鲜明、场面气氛庄重高雅，接待礼仪严格
人文休闲意境类	此类主题通过餐饮的形式来表达人的情感，它关注的是人与人之间的情感交流和个人的审美情趣，寓情于景，既给人视觉上美的享受，还能激发情感上的共鸣。其选取点可以是承载某种审美意象的事物、人的审美情趣、特殊的人际关系等
地方特色文化类	此类主题来源包括独特地域的风土人情、丰富的民俗文化、具有地区特色的食物及民族风情等

引导问题3：什么是主题内涵？

主题与内涵是两个截然不同的概念，主题并不等同于内涵，而是内涵所依附的对象。具体来说，内涵是主题所蕴含的意义或深层内容。由于主题宴会往往以富含历史文化内涵的主题为核心，因此，其内涵是从这些历史文化主题中深入挖掘出来的文化精髓。同时,宴会是为人而设计的活动,这种活动是以社交为目标的活动,社交的目的之一是满足人们情感交流的需求。所以宴会的主题内涵具有文化性和情感性。

引导问题4:如何根据主题内涵来为宴会命名?

宴会的命名是基于对宴会主题内涵的深入分析,能够充分体现主题内涵。宴会的命名的原则包括突出主题、突出特色、体现内涵、具有文采。

(1)突出主题:从宴会名称的字面意思就能够知道宴会的主题是什么。

(2)突出特色:从宴会名称的字面意思能感受到宴会的设计特点。

(3)体现内涵:宴会名称具有内涵意义,可以体现宴会的文化或情感需求。

(4)具有文采:宴会名称给人一种优美和雅致的感受。

任务呈现

1.根据收集的数据,完成调查报告,并上传至在线学习平台。

2.根据主题内涵分析,为宴会命名,并分析命名原则。

工作任务评价表

任务评价内容	分数					
	优	良	中	可	差	劣
	20	16	12	8	4	0
1.掌握市场调研报告撰写的结构						
2.区分宴会主题与主题宴会的概念						
3.理解主题与内涵的关系						
4.掌握宴会命名的原则						
5.能撰写一份完整的市场调查报告						
总分						
等级						

A=90分及以上;B=80~89分;C=70~79分;D=60~69分;E=60分以下

学习态度评价表

学习态度评价项目	分数					
	优	良	中	可	差	劣
	10	8	6	4	2	0
1.言行得体,服装整洁,容貌端庄						
2.准时上课和下课,不迟到、早退						
3.遵守秩序,不吵闹喧哗						
4.阅读讲义及参考资料						
5.遵循教师的指导进行学习						
6.上课认真、专心						
7.爱惜教材、教具及设备						
8.有疑问时主动寻求协助						
9.能主动融入小组合作和探讨						
10.能主动使用数字平台工具						
总分						
等级						

A＝90分及以上;B＝80～89分;C＝70～79分;D＝60～69分;E＝60分以下

任务总结

目标总结:酒店宴会市场调研报告的撰写结构分析包括访谈分析、问卷分析、主题内涵分析、宴会命名与分析等部分。其中要理解主题内涵与主题的关系,能够根据主题内涵为宴会命名,能够遵循宴会命名的四个原则。

收获与体验:_____

_____

项目一
彩图

项目二
主题宴会空间设计

任务一　主题宴会色彩设计

 任务情境

假如你是一名宴会部主管,正在接待一对新婚夫妇,他们特别喜欢中国传统文化,希望自己的婚礼以汉式婚礼风格为基础,在色彩上做一些改进,最好融入符合时代潮流的色彩或元素。你需要马上思考并提供几套色彩搭配方案,以便进一步沟通,达成合作。

 任务要求

通过本任务,明确宴会设计中色彩设计的内容、要求及目标,为顾客设计既协调一致又具有独特辨识度的特色宴会,让顾客享受与众不同的视觉盛宴,具体如下。

具体内容、要求及目标

内容	要求	目标
色彩搭配原则	给人一种色彩的平衡感	知识目标:掌握色彩原理及搭配原则 能力目标:能设计协调而有特点的宴会色彩 素质目标:提升色彩艺术素养
色彩空间设计	塑造空间的氛围和风格	知识目标:掌握色彩空间设计原则 能力目标:能设计合理的宴会厅色彩 素质目标:具备色彩空间艺术感

续表

内容	要求	目标
色彩心理效应	给人带来舒适、愉悦的体验	知识目标:掌握色彩的心理效应 能力目标:能设计出满足顾客需求的宴会色彩 素质目标:具备与时俱进的色彩意识

 任务实施

学生分组表

班级		组名		组长		指导老师	
组员	学号		姓名		任务		汇报轮转顺序
备注							

任务实施计划

资料搜集整理	
任务实施计划	

一、色彩搭配原则

引导问题1：什么是色彩？

色彩是能引起我们共同的审美愉悦的、最为敏感的形式要素。色彩分为两大类，即有色彩系和无色彩系。

有彩色系的颜色具有色相、纯度、明度三个基本特性。在色彩学上也称为色彩的三要素。色相，顾名思义，是指色彩的相貌。色相是有彩色的首要特征，是区别各种不同色彩最准确的标准。日常中常见的色相有红、橙、黄、绿、青、蓝、紫等。纯度又称饱和度，表示颜色中所含有色成分的比例，也称为色彩的鲜艳程度。饱和度越高，色彩越鲜艳；饱和度越低，色彩越灰暗。明度又称亮度，是指色彩的明暗程度。明度越高，色彩越明亮；明度越低，色彩越暗淡。

色彩三元素示例如图2-1所示。

图2-1　色彩三元素示例

黑色、白色、灰色是三大无彩色，如图2-2所示。明度是无彩色的基本属性，纯度则用于衡量有彩色中添加了多少无彩色。只有在标准"中灰"明度上，才能获得最高的纯度。所有彩色如果将其明度调至最高，就会成为白色，调至最低就会成为黑色。色彩三元素的关系如图2-3所示。

图2-2 无彩色示例

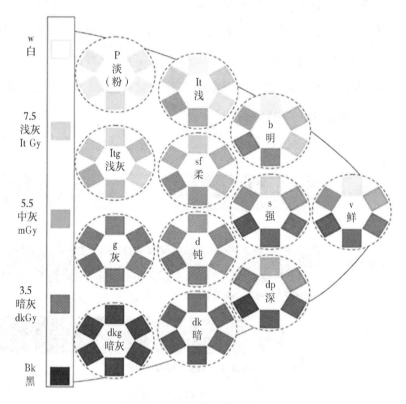

图2-3 色彩三元素的关系

引导问题2：色彩搭配的原则是什么？

色彩搭配主要为追求色彩的和谐与稳定，色彩搭配的原则主要包括统一与变化、调和与对比、对称与平衡、节奏与韵律，若能灵活应用，通常可以取得和谐的色彩。

1. 统一与变化

影响色彩统一与变化的三个因素主要是色相、明度、纯度。设计师根据空间本身的形态、使用功能及使用者的个性心理需求确立主导色彩，以主导色彩中几种同类色的应用打造和谐感，再选用合适的辅助色、点缀色，使空间内部具有差异性、活泼感。这样可使设计既具有整体色调又有变化，在此基础之上达到平衡。其中，同类色是色相环上相差0°、30°、60°的色彩，在色彩搭配上更容易达到和谐，辅助色、点缀色可以是色相环上相差90°、120°、180°的色彩，色相对比示例如图2-4所示。

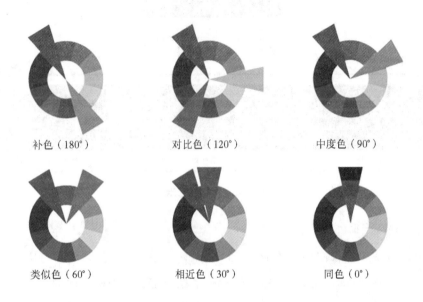

图2-4　色相对比示例(伊顿12色相环)

2. 调和与对比

色彩的调和与对比是设计色彩的重要要求。色彩的调和就是把本来存在差异的色彩经过调整组合，形成和谐而具有美感的统一整体。在色彩设计中，如果缺乏对比关系，往往会使人感到色彩缺少变化、淡而无味。在调和的基础上运用对比手法，获得舒适的视觉效果。色彩对比可以分为色相对比、明度对比、纯度对比等，如图2-5、图2-6所示。做好色彩对比要注意以下几点。

（1）对比色面积要小、要集中。

（2）对比色的明度和纯度应该比其他色要强。

（3）一般选择与整体色相对立的颜色。

（4）位置和比例要以整体的效果来考虑。

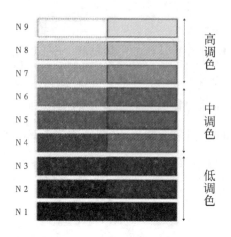

图 2-5　明度对比示例图

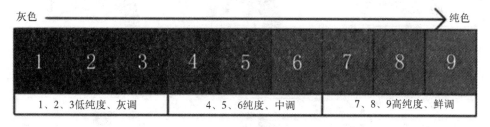

图 2-6　纯度对比示例图

3. 对称与平衡

对称与平衡在构图中指人眼视觉上的均和,是一种让色彩调和与协调的重要方法。是在色彩配置时,上、下、左、右的一种平稳安定感。平衡不同的色彩就像平衡天平左右两边的砝码,设计师需要运用明暗度、色彩面积大小与比例、色彩排布的变化,使不同明度、不同色相、不同纯度的色彩达到对称与平衡。通常,明度高的色彩在上、明度低的色彩在下,容易获得色彩安定均衡;纯度高、暖色的面积应小于纯度低、冷色的面积,才可以达到色彩均衡;不同色彩有规律的对称排布,也可以有色彩均衡感。

色彩的对称与均衡示例如图 2-7 所示。

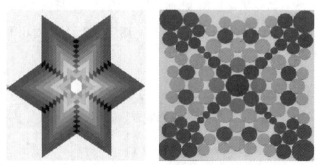

图 2-7　色彩的对称与均衡示例

4. 节奏与韵律

色彩搭配中的节奏与韵律指色彩有规律、有主次地重复出现,合理的设计可使色彩具有节奏感、韵律感、动感,使观者获得独特的视觉体验。节奏与韵律可由反复律动和渐变律动完成。反复律动是指色彩以特定单位进行有规律的重复。渐变律动则是色彩从明亮逐渐过渡到暗淡,或是色相逐渐变化的过程。

色彩反复律动和渐变律动示例如图2-8所示。

图2-8 色彩反复律动和渐变律动示例

二、色彩空间应用

引导问题3:色彩与室内空间设计的关系如何?

室内空间设计是在现有的基本空间框架约束下作画,不是通过画笔,而是通过室内空间的各种元素得以实现。作画必须有突出的风格,而形成风格,当然就不可能只用一种色彩。画面中的色彩整体关系,即色调,是通过不同组件色彩的相互协调配合,形成的一种统一的色彩倾向。这种色彩倾向在特定的空间环境中占据主导地位,并与其他设计元素共同作用,共同决定了整体的设计风格。由此可见,色彩组成的色调是设计风格的直接体现。室内空间设计中的色调一般通过墙面、顶面、地面、家具、陈设等因素的色彩得以实现。

引导问题4:色彩在空间设计中的应用如何?

色彩在空间设计中的应用实践需要综合考虑多个因素,包括色彩在空间中的比例、色彩与功能区的匹配、色彩与灯光的相互作用、色彩与装饰品的协调性、色彩与装饰材料的选择,以及色彩与家具的搭配等。

1. 色彩在空间中的比例

色彩在空间中的比例对于室内设计至关重要,它直接影响空间的视觉效果。不同的色彩比例可以营造出不同的氛围和风格,从温馨到现代,从简约到豪华,各种风格都可以通过色彩的比例来实现。

(1)基础比例:一种常见的色彩比例是6:3:1,其中6代表主色调,通常是墙面颜色,占整个空间色彩的60%;3代表配色,包括家具、窗帘等,占30%;1则是点缀色,如装饰品、艺术品等,占10%。这种比例能够确保空间色彩的和谐与平衡,同时通过点缀色的加入增加空间的活力和个性化元素。

(2)撞色搭配:对于追求个性和独特风格的室内设计,撞色搭配是一个不错的选择。撞色搭配的面积比例可以是9:1、8:2、7:3或6:3:1。这种比例强调了不同颜色之间的对比和冲突,能够创造出更加鲜明和引人注目的视觉效果。但需要注意的是,撞色搭配需要谨慎处理各种颜色的比例和位置,以避免空间显得过于杂乱。

2. 色彩与功能区的匹配

不同功能区应使用不同的色彩。例如:酒店的大堂吧作为一个旨在营造舒适与放松氛围的空间,可以使用柔和、安静、有一定抚慰性情绪的色彩,可使用中等明度、低纯度的暖色调,如淡棕色和米色等,营造出温馨而舒适的环境,让人感到温馨与安心;酒店的用餐区为了提升顾客的食欲与活力,需要使用明亮、有张力的色彩,形成一定的兴奋感,在纯度选择上应偏向高纯度、暖色调,如黄色、橙色和红色等;办公室需要提高工作效率和创造力,此时应使用清新、明亮的色彩搭配,具体可选择高明度、冷色调,如浅绿色、浅蓝色和白色等。

3. 色彩与灯光的相互作用

照明设计是室内色彩设计的重要组成部分,因为光会影响人们对色彩的感知。不同类型的灯光可以产生不同的光线效果,例如:红色和橙色等暖色调灯光,可以增强室内的温暖感;蓝色和绿色等冷色调灯光,会给人带来明亮、干净的感觉。此外,调光系统能够根据不同的活动和场景调节照明强度和色温,从而使色彩调节更具灵活性。因此,在进行室内照明设计时,设计人员需精心挑选灯具,并妥善设计调光系统,以便充分展现照明设计中的色彩效果。

4. 色彩与装饰品的协调性

装饰品虽不起眼,却在空间设计中扮演着重要的装饰角色。这些装饰品包括灯饰、挂画、窗帘、地毯以及摆件等,它们的颜色作为点缀,为空间增添色彩。对于面积稍大的装饰品,如窗帘等,选择与空间整体色调相近的颜色,可以使空间显得更加统一和谐,增强整体美感。值得注意的是,应避免使用与整体空间色彩过于冲突的颜色,以免打破空间的和谐感,使之显得不协调。对于小体积的装饰物,如灯具、摆件等,则可以考虑采用对比色,这样不仅能够为空间增添活力,还能让整个空间更有层次感和韵律感。除了色彩之外,风格也是装饰品选择的一个重要考量因素。确保装饰品与整体风格协调至关重要。现代风格的装饰品大多是一些有设计感的挂画或摆件,色彩通常很丰富,色彩丰富的挂画搭配浅色系的主色调以及灰色系的家具,整体色彩统一又温暖。

5. 色彩与装饰材料的选择

色彩在室内装饰材料的选择中扮演着至关重要的角色。墙壁、地板、家具、窗帘、地毯及各种装饰品的色彩,共同影响着室内的整体外观和氛围营造。例如:木制家具和深色地板可营造出温馨与宁静的氛围;金属、玻璃材料及明亮的色彩搭配可以使空间更加活跃。在室内装饰材料选择过程中,设计人员需要综合考量材料的色彩,确保材料应用效果与整体设计方案相匹配,进而提高空间的功能性和增强视觉效果。

6. 色彩与家具的搭配

家具是室内设计的重要内容,其色彩选择直接影响着室内整体外观和风格。例如:色彩鲜艳的沙发或椅子能够增加活力和生气,中性色调的家具可以增强空间的平衡感和秩序感。设计人员需要综合考量室内空间的整体色彩和风格,选择与空间风格相匹配的或能突出室内重点的家具。

三、色彩心理效应

引导问题5:什么是色彩的心理效应?

色彩的心理效应是指色彩对人的情绪、感觉和行为产生的影响。不同的色彩可以引发不同的心理反应,这种影响涉及生理和心理两个层面。例如:暖色(如红色、橙色、黄色)能够使人产生温暖的感觉,从而引起心跳加快、血压升高、呼吸加速,这种生理反应可以使人感到兴奋和激动;相反,冷色(如蓝色、绿色)则能使人感到冷静和放松,降低血压和脉搏速率,有助于缓解紧张情绪,使人感到平静和安宁。

引导问题6:色彩的心理效应类型有哪些?

虽然色彩引起的复杂感情是因人而异的,但由于人类生理构造和生活环境等方面存在着共性,因此,对于大多数人而言,无论是单一色彩还是多种色彩的混合,在色彩的心理感受上,都会存在共通的情感体验。根据实验心理学家的研究,这些共通体验主要包括以下几个方面。

1. 色彩的冷暖

冷暖色指色彩心理上的冷热感觉。红色、橙色、黄色等颜色往往给人炽热、兴奋、热情、温和的感觉,所以将其称为暖色;绿色、蓝色、紫色等颜色往往给人镇静、凉爽、开阔，通透的感觉，所以将其称为冷色。色彩的冷暖感觉又被称为冷暖性。色彩的冷暖感觉是相对的，除橙色与蓝色是色彩冷暖的两个极端外，其他许多色彩的冷暖感觉都是相对存在的。比如紫色和绿色，紫色中的红紫色较暖，蓝紫色则较冷，绿色中的草绿色带有暖意，翠绿色则偏冷。

冷暖色示例如图2-9所示。

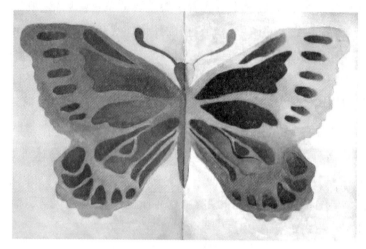

图2-9　冷暖色示例

2. 色彩的轻重感

色彩的轻重感主要由明度决定，冷暖性是次要因素。高明度具有轻感，低明度具有重感；白色最轻，黑色最重；低明度基调的配色具有重感，高明度基调的配色具有轻感。

色彩轻重感示例如图2-10所示。

图2-10　色彩轻重感示例

3. 色彩的软硬感

色彩软硬感与明度、纯度有关。凡明度较高的含灰色系具有软感,凡明度较低的含灰色系具有硬感;纯度越高越具有硬感,纯度越低越具有软感;强对比色调具有硬感,弱对比色调具有软感。

色彩软硬感示例如图 2-11 所示。

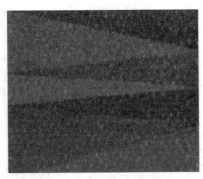

图 2-11　色彩软硬感示例

4. 色彩的强弱感

高纯度色有强感,低纯度色有弱感;有彩色系比无彩色系有强感,有彩色系以红色为最强;对比度大的有强感,对比度低的有弱感。

色彩强弱感示例如图 2-12 所示。

图 2-12　色彩强弱感示例

5. 色彩的文化性

色彩还承载着丰富的文化意义和象征意义。在不同的文化和历史背景下,同一种颜色可能有着不同的含义和象征。例如,在中国传统文化中,黄色被视为尊贵的颜色,体现了皇权的尊贵和权威。而青色则更多地与文人雅士的精神追求和文化修养相联系,反映了文人的思想情志和文化追求。

因此,在室内空间设计中,选择合适的色彩能够创造出满足个性化需求的、适宜的氛围和感觉。

引导问题 7：不同设计风格的色彩搭配特点如何？

（1）现代简约风格：以中性色为主，如灰色、白色和米色，营造简洁、明亮的空间氛围。可以适当加入一些亮色系的装饰品，为空间增添活力。

现代简约风格酒店如图 2-13 所示。

图 2-13　现代简约风格酒店

（2）地中海风格：以蓝白色调著称，大面积的白色墙面与蓝色的门窗、家具相映衬，营造清新、浪漫的地中海风情，让人感受到如海边般的宁静与惬意。

地中海风格餐厅如图 2-14 所示。

图 2-14　地中海风格餐厅

（3）北欧风格：以简约、自然的色彩搭配为特点，白色、灰色、木色等自然色调是主打色，营造温馨、舒适的家居氛围，让人仿佛回归自然，感受到一份宁静与放松。

北欧风格餐厅如图2-15所示。

图2-15　北欧风格餐厅

（4）田园风格：色彩搭配偏向自然、柔和的色调，如浅绿色、淡黄色和粉色，营造温馨、舒适的空间氛围，让人仿佛置身于大自然之中。

田园风格餐厅如图2-16所示。

图2-16　田园风格餐厅

（5）传统中式风格：注重色彩的和谐与平衡，深红色、棕色和金色等色彩是经典之选，凸显中式家具的韵味与气质，让整个空间散发出古朴、典雅的气息。

传统中式风格餐厅如图2-17所示。

图 2-17　传统中式风格餐厅

（6）美式风格：具有浓郁的古典韵味，线条厚重、夸张，常以深褐色、灰色以及原木色进行搭配，巧妙融合了古典与现代元素。

美式风格餐厅如图 2-18 所示。

图 2-18　美式风格餐厅

（7）工业风格：主要采用黑色和灰色的深色系，再搭配白色。黑白两色是对比最强烈的两种颜色，可以更好地表达层次感。

工业风格餐厅如图 2-19 所示。

图 2-19　工业风格餐厅

（8）新中式风格：普遍将黑色、白色、灰色作为设计的基调，同时增加红色、黄色、蓝色等日常颜色来实现对设计风格的创新，因为红色、黄色、蓝色等颜色更能展现传统文化风格。

新中式风格餐厅如图 2-20 所示。

图 2-20　新中式风格餐厅

引导问题 8：如何将汉式婚礼风格与现代潮流元素相融合，以满足客人要求？

汉式婚礼，是以周礼为蓝本，以典雅、尊贵、庄重为气韵，展现中华悠久文化传统的民族婚礼。在举行婚礼时,参与者应当穿着符合形制要求的汉服。同时,可以根据不同历史时期的风格特点,来选择相应的服饰颜色及款式。例如:汉周时期崇尚玄色及红色,因此这一类型的汉式婚礼可选择红黑配色的曲裾或衣裳;唐风汉式婚礼则流行红男绿女的搭配;至于明风汉式婚礼,新郎则通常选择类似明代官服的服饰,新娘则多身着凤冠霞帔,彰显其尊贵身份。

时代在进步,任何一个群体在不同的年代都有其不同的审美意识,传统的审美观念已不能作为设计的主要参考依据,设计师应科学理性地分析当代青年人的审美需求,以用户的审美需求为出发点,结合当下的时尚潮流趋势,有针对性地设计出符合用户需要的作品。根据相关研究结果,现代青年人的色彩定位以品位高雅、个性化、精致的色彩组合为主,不落俗套,同时应有文化的氛围。在空间设计中,一些符合青年人审美的配色方案的关键词包括"暖色调""自然""温馨""舒适""素雅"等。

新中式自然柔和的配色方案如图 2-21 所示。

图 2-21　新中式自然柔和的配色方案

任务呈现

融入符合时代潮流色彩元素的汉式婚礼宴会色彩搭配方案是什么?请进行描述说明。

任务评价

工作任务评价表

任务评价内容	分数					
	优	良	中	可	差	劣
	20	16	12	8	4	0
1.掌握色彩的基本概念和搭配原则						
2.掌握色彩在空间中的应用原则						
3.掌握色彩的心理效应和文化性						
4.能分辨不同设计风格的色彩搭配特点						
5.能为主题宴会设计和谐特色的配色方案						
总分						
等级						

A=90分及以上;B=80～89分;C=70～79分;D=60～69分;E=60分以下

学习态度评价表

学习态度评价项目	分数					
	优	良	中	可	差	劣
	10	8	6	4	2	0
1.言行得体,服装整洁,容貌端庄						
2.准时上课和下课,不迟到、早退						
3.遵守秩序,不吵闹喧哗						
4.阅读讲义及参考资料						
5.遵循教师的指导进行学习						
6.上课认真、专心						
7.爱惜教材、教具及设备						
8.有疑问时主动寻求协助						
9.能主动融入小组合作和探讨						
10.能主动使用数字平台工具						
总分						
等级						

A=90分及以上;B=80～89分;C=70～79分;D=60～69分;E=60分以下

 **任务总结**

目标总结:主题宴会的色彩设计是构建整个宴会风格的基础,对于能否成功地为顾客提供愉悦的视觉体验至关重要。与宴会设计相关的色彩知识体系主要包括色彩的基本概念、色彩搭配的原则、色彩在空间设计中的应用原则、色彩的心理效应和文化性、常见设计风格的色彩配置特点等,其中的难点是掌握色彩搭配的原则、色彩在空间设计中的应用,以及如何能够将这些原则灵活融入主题宴会的色彩设计中。

设计者不仅要能够设计出满足顾客个性化需求的宴会场景,还需具备与时俱进的色彩搭配意识,以便将传统色彩搭配与现代人的审美、文化及精神需求相融合,从而在宴会产品竞争中占据优势地位。

收获与体验:_____

_____

任务二　宴会空间物品设计

 **任务情境**

新婚夫妇对你提出来的创新配色方案十分满意,认为你是很专业的宴会设计师,经过反复沟通,最终决定在酒店举办他们的婚礼。接下来的一周,你的团队要为这场婚礼准备物品清单,其中包括符合宴会主题内涵的设计物品。

任务要求

通过本任务,明确宴会空间物品设计的内容、要求及目标,为顾客准备一整套的宴会举办的必备物品,以及具有特殊内涵的主题设计物品,保证宴会的顺利举办。具体如下:

具体内容、要求及目标

内容	要求	目标
宴会空间物品构成	物品种类和数量没有遗漏	知识目标：掌握宴会物品的种类和数量 能力目标：能准确测算并准备合适的物品 素质目标：提升预防突发情况的意识
宴会空间物品设计	主题物品符合宴会内涵	知识目标：掌握主题物品设计的原则 能力目标：能辨别和设计符合主题内涵的物品 素质目标：具备艺术设计创新意识

学生分组表

班级		组名		组长		指导老师	
组员	学号		姓名		任务		汇报轮转顺序
备注							

任务实施计划

资料搜集整理	
任务实施计划	

一、宴会空间物品构成

引导问题1：宴会举办时宴会厅里都有哪些物品？

宴会厅里的物品主要包括用餐物品和空间装饰物等。

1. 用餐物品

用餐物品又分为家具类物品、餐具类物品和布草类物品。

（1）家具类物品：包括餐桌、餐椅等。

① 餐桌：餐桌包括中式圆形餐桌（通常直径为1.8米、2米，分别可以容纳10～12人、12～14人）；西餐方形餐桌（尺寸通常为0.76米×0.76米、1.07米×0.76米，根据参加宴会的人数可自由拼接）、边台服务桌（尺寸不小于0.9米×0.45米，可以是0.6米×1.2米、0.9米×1.8米等，根据需求可拼接使用），餐桌的高度通常为75厘米，材质包括木头、塑料、石头、金属等，酒店宴会常用餐桌表面通常是软包塑料，性价比高、可重复使用。

② 餐椅：餐椅的类型各式各样，如有扶手或无扶手、软面或硬面、直线型或曲线型等，其设计通常符合基本的人体工学要求，例如，酒店宴会厅常用的一种软面无扶手椅子的总高度是95厘米、椅背宽41.4厘米、椅背长46.5厘米，通常还要配备儿童餐椅。

（2）餐具类物品：在材质方面，餐具类物品主要分为陶瓷类、金属类、玻璃类、木质类等。从功能角度来看，餐具类物品可以分为碗（汤碗、饭碗）、筷子（个人用、公用）、勺子（个人用、公用）、盘（圆盘、方盘、椭圆盘、异形盘子）、盅（汤盅、燕窝盅、公用盅、个人用盅）、刀（沙拉刀、牛排刀、鱼刀、服务刀等）、叉（沙拉叉、牛排叉、鱼叉、甜品叉、水果叉、服务叉等）、匙（汤匙、甜品匙、服务匙等）、杯子（水杯、红酒杯、甜酒杯、鸡尾酒杯、白兰地杯、威士忌杯、茶杯、咖啡杯等）、辅助工具（醒酒器、开瓶器、分酒器、冰桶、冰夹、面包夹等）等。在规格方面，碗盘以"寸"为单位来表示（如展示盘9寸、骨碟7寸、味碟3寸等），其他物品以"厘米"为单位来表示（如筷子27厘米、汤勺23.5厘米等）。

（3）布草类物品：主要包括桌布、口布等。桌布的尺寸需要根据桌子的大小来确定，通常满足桌角不外露的原则（如直径1.8米的桌子、高度是0.75米，桌布的尺寸可以是3.26～3.28米）。口布通常是45～55厘米的正方形。从材质上划分，布草有棉质、化纤、麻质、仿绸缎、棉麻混纺等多种类型。从工艺上看，布草有印花、绣花、提花和烂花等，从花色上看，布草有纯色、碎花、蕾丝等。宴会中的口布通常为棉质，具有吸水性强、易于折叠成形、挺括且柔软舒适等特点。根据宴会主题的设计，布草的颜色可以丰富多彩，同时也可以在布草上添加各种花色设计。

家具类物品示例如图2-22所示。

餐椅　　　　　　圆桌　　　　　　长方形桌　　　　　　边台桌

图2-22　家具类物品示例

餐具类物品示例如图2-23所示。

图2-23　餐具类物品示例

布草类物品示例如图2-24所示。

印花　　　　　　　　　　　　　　　绣花

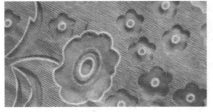 

烂花　　　　　　　　　　　　　　　提花

图2-24　布草类物品示例

2. 空间装饰物

空间装饰物是基于宴会主题寓意而设计的物品,包括舞台背景、舞台造型、灯具、帷幔、挂画、气球、绿植、地毯、台布、餐巾花型等各类创意装饰物。

空间装饰物示例如图 2-25 所示。

图 2-25　空间装饰物示例

引导问题 2:在筹备宴会时,各类所需物品的数量应该如何确定呢?

餐具的配备数量与宴会的主题、规格和风格密切相关。一般来说,普通宴会可能配备四件头的餐具,而中档宴会则可能需要七件头的餐具,高档宴会则可配备八至十一件头的餐具。这种差异不仅反映了宴会的不同档次,也体现了为提升顾客用餐体验所做的细致考量。宴会摆台图片示例如图 2-26 所示。

根据宴会的人数和菜肴的数量,还需要准备一定数量的备用餐具。一般建议备用量不低于所需总量的 10%,以确保用餐过程中餐具充足。具体每种餐具的备用量,可参考表 2-1 来确定。

图 2-26　宴会摆台图片示例

项目二　主题宴会空间设计

续图 2-26

表 2-1 宴会餐具备用量(部分)

序号	品名	备用量公式
1	骨碟	宴会厅客满人数×宴会菜的道数＋20％备用量
2	筷子/筷架/装饰盘	宴会厅客满人数＋10％备用量
3	汤碗/汤勺	宴会厅客满人数×3
4	饭碗	宴会厅客满人数×2
5	6寸盘	宴会厅客满人数×2＋20％备用量
6	8寸盘	宴会厅客满人数×2
7	味碟	每人份调味品种数量×宴会厅客满人数
8	毛巾碟	宴会厅客满人数＋20％备用量
9	茶杯	宴会厅客满人数＋10％备用量
10	茶壶	全部桌数＋20％备用量
11	水杯	宴会厅客满人数×2＋20％备用量
12	烈酒杯	宴会厅客满人数＋20％备用量
13	刀叉、点心勺、咖啡杯套组	宴会厅客满人数＋10％备用量
14	公勺、筷架	全部桌数×4＋10％备用量
15	服务叉勺	全部桌数×3

(资料来源:叶伯平,宴会设计与管理(第五版),清华大学出版社,2017)

二、宴会空间物品设计

引导问题3:如何设计符合宴会主题寓意的装饰物品?

宴会空间物品设计的关键点是设计师需要紧密贴合主题内涵,运用色彩、灯光及舞台、帷幔、挂画、气球、绿植、台布、餐巾花型等元素,将主题具象化、视觉化,让参与者一进入活动现场,就能立刻感受到浓厚的主题氛围,进而沉浸其中,享受宴会活动带来的乐趣。

1. 舞台设计

舞台位于空间中央,占据了较大的面积,其背景视觉内容能够直观地展现本场宴会的风格特色与活动内容,而舞台的造型特点则更加凸显出宴会的主题内涵。在设计舞台时,可以参考以下几个方面的要素。

(1)主题色彩选择:根据主题选择主色调,如庆典活动可选用活泼鲜艳的色彩,如红色、金色或蓝色；婚礼则偏向于温馨浪漫的粉色、白色或淡紫色；企业年会可选用稳重而不失活力的蓝色、灰色或金色。在色彩搭配上，应遵循基本原理，利用对比色来增强视觉冲击力，或通过相似色来营造和谐氛围，确保所选的背景色彩与宴会的整体装饰风格相协调。

（2）灯光设计：确保舞台区域有足够的基础照明，避免过暗影响拍摄和观看体验；氛围灯光可以利用LED灯带、追光灯、染色灯等创造多层次的光影效果，增强舞台的立体感和视觉层次感；根据表演节目调整灯光色彩和亮度，营造不同的情感氛围；对于特殊节目或开场秀，可以运用特效灯光，如激光灯、烟雾机等，来增添视觉震撼力，提升整体演出效果。

（3）背景板设计：根据宴会主题设计背景板图案，可以是抽象的几何图形、具象的风景画或是定制的图案与文字。背景板设计应简洁大方，能够突出主题且易于识别；可以选用高质量的喷绘布、PVC板或LED屏幕作为背景板材料，保证视觉效果的同时兼顾耐用性和安全性；根据舞台大小和观众席位置确定背景板的尺寸和悬挂位置，确保每位宾客都能清晰地看到。

（4）装饰品与道具：根据宴会主题添加相应的装饰品，如婚礼中的鲜花、气球、纱幔；庆典活动中的彩旗、气球、拱门等；舞台上可摆放与主题相关的道具，如企业Logo、奖杯、艺术品等，提升整体格调；适当摆放绿植或仿真植物，增加舞台的自然感和生气。

（5）舞台造型设计：根据宴会主题设计独具一格的舞台造型，如奥运五环舞台、帆船舞台等。宴会主题舞台设计示例如图2-27所示，北京冬奥会舞台上的五环设计（图2-27(a)）、中国红的婚宴设计（图2-27(b)）、黄河支流型舞台造型（图2-27(c)）、春晚的舞台造型（图2-27(d)），分别在背景图、颜色、舞台造型等方面凸显活动主题。

(a)

图2-27　宴会主题舞台设计示例

(b)

(c)

(d)

续图 2-27

2. 灯具设计

宴会厅的灯具多数情况下是在装修时已设计好的、与整个宴会厅风格相一致的固定灯具,为了满足主题宴会布置的要求,所设计的固定灯具要有延展性和灵活性。其一,整体照明设计至关重要,顶部光源可以使用可调角度的LED筒灯或LED灯带,提供基础环境照明。桌面照明则可使用可调角度的台灯或吊灯,为餐桌范围提供局部照明。其二,效果照明设计也不可忽视,通过选择合适的吊灯、壁灯等装饰性照明,以及设置灯光投影等,可以提升宴会厅的格调与趣味性。

宴会厅灯具设计示例如图2-28所示。

图 2-28　宴会厅灯具设计示例

续图 2-28

3. 其他空间装饰

除硬件装饰外,宴会厅中的装饰物还有帷幔、挂画、植物鲜花、气球等软性装饰,根据主题需求,设计师可以尽情发挥创意设计。

(1) 帷幔和挂画是营造氛围、彰显品位的关键元素。帷幔作为软性装饰的一部分,能够增加宴会厅的层次感和浪漫氛围,挂画则更是宴会厅装饰中的点睛之笔。根据宴会厅的整体风格和主题,可以选择不同内容及风格的帷幔和挂画来凸显品位。例如:西式风格的宴会厅可选用华丽的帷幔,现代简约风格则适合轻薄透亮的窗帘,都能为宴会厅带来不同的视觉效果和情感体验;中式风格的宴会可以选择挂置山水画或花鸟画,以增添传统韵味;现代简约风格的宴会则可以选择抽象画或简约清新的风景画,以符合其简洁明快的氛围。

(2) 根据宴会的主题需求,绿植、鲜花、气球等元素在宴会设计中可以是主体,也可以是点缀物。例如:宴会空间被打造成"绿野仙踪"的场景,那么绿叶和鲜花便成为主导的装饰元素,营造出自然仙境的氛围;在户外婚礼上,草坪、绿植与鲜花则自然而然地成为主要的装饰亮点;以气球为主体的装饰物多出现在为儿童或女性举办的宴会中。

宴会厅帷幔、挂画、气球等装饰示例如图 2-29 所示。

图 2-29 宴会厅帷幔、挂画、气球等装饰示例

续图 2-29

引导问题4：主题宴会物品清单该如何设计？

确定好主题宴会需要使用的基本物品和装饰物品后，宴会管理者可以制定一份物品清单，以便在宴会筹备、进行及结束后作为检查、分配与回收清点的参考。每个酒店的物品清单形式不同，内容通常要包括物品名称、物品规格、单位、数量等。表2-2所示为宴会物品清单示例（部分），可作为参考。

表2-2　宴会物品清单示例（部分）

序号	物品名称	物品规格	单位	数量
1	展示盘	9寸	个	
2	骨碟	7寸	个	
3	味碟	3寸	个	
4	汤碗	5寸	个	
5	汤匙	14.2厘米	个	
6	筷子	27厘米	双	
7	筷架	9.5厘米×3.5厘米	个	
8	筷套	23.4厘米	个	
9	汤勺	23.5厘米	个	
10	公勺	23.5厘米	个	
11	公筷	27厘米	双	
12	牙签套	8×1.5厘米	个	
13	面布	直径220厘米	块	
14	底布	直径327厘米	块	
15	口布	50厘米×50厘米	块	

备注：1桌/10人位，大于10%的备用量。

引导问题5：数字技术如何应用在宴会空间装饰设计中？

目前，宴会场景设计除了人工手段、实体物件布置的方式，数字技术的应用也在这一领域逐渐崭露头角。其中，全息投影技术在宴会空间场景设计中的应用尤为显著。

（1）全息投影。全息投影又称为虚拟成像，将投影技术与3D动画相结合。全息投影技术能打造出具有沉浸式舞美体验效果的新型宴会厅，主要由裸眼3D效果、舞台全息投影、墙面（环幕）投影以及地面/餐桌互动投影等几个单元构成。在各项技术相互配合的基础上,画面、声音、光线与电气效果与软装设计完美融合,共同呈现出一场视觉盛宴,为观众带来既如梦如幻又身临其境的感官享受。

(2)舞台全息。舞台全息以纱幕作为投影载体,主要运用在主舞台及其周围区域。通过投影机将3D动态视频投射到纱幕上,观众无须佩戴专业眼镜就能够看到梦幻绚丽的画面。纱幕具有良好的透视性,使得投影内容从远处观看仿佛悬浮于空气中,与宴会厅内立体环绕的3D效果相结合,营造出双重的视觉震撼。在全息宴会厅的布置中,这种全息成像技术被广泛应用于大型舞台表演、各类发布会以及喜庆宴会等场合。

(3)墙面(环幕)投影。在宴会厅的实际应用中,墙面(环幕)投影主要分为720°投影和360°投影,多以宴会厅墙体作为投影载体,结合4D动画技术,使宴会厅空间呈现出动态的3D立体效果。立体成像在全息宴会厅中具有可变化性,可以根据不同的需求来变化不同的场景。以喜宴为例,无论是欧式、中式、森林式、海底式还是星空式等婚礼主题,墙面投影都能为新人创造出与之相匹配的主题效果,从而大大减少了宴会厅因变换主题而需要进行的装修翻新工作。

(4)地面互动投影。在宴会厅中,地面互动投影技术常以互动T台投影的形式出现。该技术利用投影视觉效果,在普通的T台上投射出由光影构成的多种图案,如满地的浪漫玫瑰、水中悠然游动的鱼儿、翩翩起舞的蝴蝶及为爱绽放的百合等。当参与者踏入这个投影区域时,这些光影图案会根据人体的动作自动变化,产生相应的互动效果。

(5)餐桌投影。餐桌投影有两种形式:一种类似于地面投影,即在餐桌上直接展示各种静态及动态图案;另一种则是将投影图案与餐盘的具体位置相结合,例如,在白色的餐盘上投影出精美的花纹或飞翔的蝴蝶等效果,这种形式的投影对餐盘摆放的精确度有着较高的要求。

全息投影宴会厅示例如图2-30所示。

图2-30 全息投影宴会厅示例

续图 2-30

任务呈现

1. 为汉式婚礼宴会设计完整的宴会物品清单。物品图片上传至在线学习平台。

2. 为汉式婚礼宴会设计或挑选符合主题内涵的物品,并进行描述。

任务评价

工作任务评价表

任务评价内容	分数					
	优	良	中	可	差	劣
	20	16	12	8	4	0
1.掌握宴会物品的类型						
2.掌握宴会物品的数量						
3.掌握宴会物品的设计原则						
4.能辨别或设计符合主题内涵的物品						
5.能设计完整的宴会物品清单						
总分						
等级						
A=90分及以上;B=80~89分;C=70~79分;D=60~69分;E=60分以下						

学习态度评价表

学习态度评价项目	分数					
	优	良	中	可	差	劣
	10	8	6	4	2	0
1. 言行得体,服装整洁,容貌端庄						
2. 准时上课和下课,不迟到、早退						
3. 遵守秩序,不吵闹喧哗						
4. 阅读讲义及参考资料						
5. 遵循教师的指导进行学习						
6. 上课认真、专心						
7. 爱惜教材、教具及设备						
8. 有疑问时主动寻求协助						
9. 能主动融入小组合作和探讨						
10. 能主动使用数字平台工具						
总分						
等级						

A=90分及以上;B=80～89分;C=70～79分;D=60～69分;E=60分以下

任务总结

目标总结:主题宴会空间物品设计对宴会能否成功举办至关重要。初学者需要掌握宴会基本物品的类型、空间装饰物品的类型与设计原则,以及宴会准备期间各类物品所需准备的数量,并能够设计完整的宴会物品清单。

数字化技术在宴会空间装饰创意设计上的应用具体体现在全息投影技术的应用方面,它极大地提升了顾客的视觉体验。考虑到成本因素及顾客个性化需求的广泛性等方面,全息投影在酒店行业的应用还不多,但从消费群体年轻化、个性化的发展趋势来看,全息投影宴会厅未来可能在某类细分市场上成为一种流行趋势。

收获与体验:

任务三　宴会空间功能设计

任务情境

上一周,你们团队已经完成了宴会基本物品准备工作,同时做好了主题装饰物品的设计和选择,物品清单已经通过邮箱发给了客户,现在接到客户的同意反馈。在此基础上,经过再次沟通,了解本次宴会将有大约100人参加,宴会场地选择在酒店内面积为300平方米的中式风格宴会厅。接下来一周,你们需要设计好宴会厅的功能布局图,并以2D和3D图的形式向客人展示。

任务要求

通过本任务,明确宴会空间功能设计的内容、要求及目标,为宴会厅设计好各个功能区和人员动线图,确保宴会现场的服务能够有序、高效地开展,使整个宴会有条不紊地进行。具体如下。

具体内容、要求及目标

内容	要求	目标
宴会空间功能区构成	布局科学合理,提高服务效率	知识目标:掌握宴会厅功能区结构 能力目标:能划分宴会厅功能区 素质目标:培养高效服务意识
宴会空间功能区的呈现	空间距离精准,图片制作精美	知识目标:掌握画图软件的基本功能 能力目标:能制作2D和3D宴会厅布局图 素质目标:具备精益求精的精神

任务实施

学生分组表

班级		组名		组长		指导老师	
组员	学号		姓名		任务		汇报轮转顺序
备注							

任务实施计划

资料搜集整理	
任务实施计划	

知识学习

一、宴会厅空间构成

引导问题1：宴会厅内有哪些功能区？

宴会厅的主要功能区可以划分为迎宾区（入口处）、就餐区、服务间/服务区、衣帽间、音控室、化妆室、贵宾休息室、舞台、储藏间等。迎宾区通常在入口处，根据需求可以设置签到台；就餐区在宴会厅的中间或者核心位置，是宴会厅中面积最大的功能区；服务间隐藏在宴会厅一边或者两边墙体的内侧，服务区可以在宴会厅的内部区域；衣帽间在入口处，音控室、化妆室在靠近舞台的位置，舞台通常与宴会厅的正门相对，储藏间在宴会厅门口或者墙体两侧方便收取物品的位置。

宴会厅功能布局示例如图2-31所示。

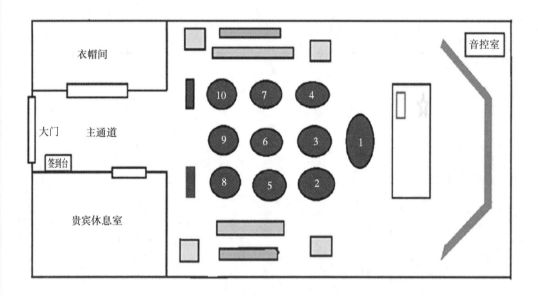

图2-31 宴会厅功能布局示例

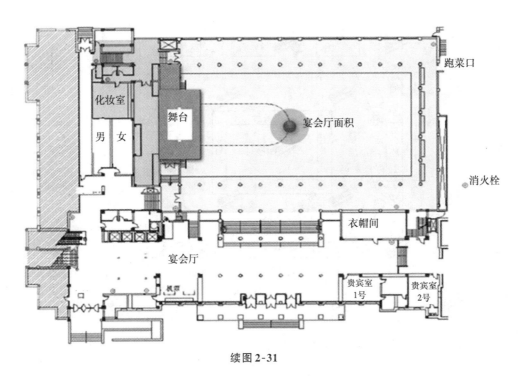

续图 2-31

与上述正式中西餐宴会举办时宴会厅内部功能区有所不同的是,鸡尾酒会、冷餐会和自助餐会的举办场地还设有鸡尾酒吧台/酒水台、自助餐台区、沙发休息区、舞池、收餐台等。

鸡尾酒、自助餐、冷餐会宴会厅功能布局示例如图 2-32 所示。

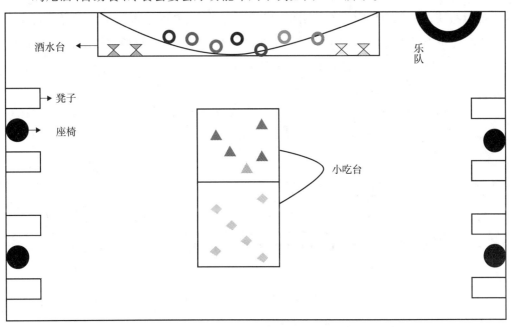

图 2-32　鸡尾酒、自助餐、冷餐会宴会厅功能布局示例
(资料来源:叶伯平,宴会设计与管理(第五版),清华大学出版社,2017)

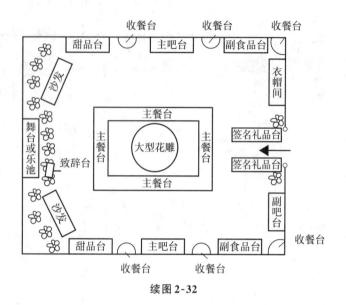

续图 2-32

二、宴会厅功能区空间呈现

引导问题 2：如何呈现宴会厅功能区？

宴会厅功能区的呈现可以采用 2D 平面图或者 3D 图像来实现。在绘制 2D 平面图时，可以选择手绘或使用专业软件进行制作。鉴于市场上专为宴会厅设计而开发的软件较为稀缺，编者在多年的教学实践中发现了一款名为"酷家乐"的免费软件，它非常适合非建筑设计专业的学生使用。该软件拥有丰富的素材库和相对简易的操作界面，能够完整地绘制出宴会厅的空间布局图。

下面介绍该软件应用的过程。

第一步：打开"酷家乐-在线 3D 云设计平台"（图 2-33），在线注册，选择"个人免费使用"。

图 2-33 "酷家乐"使用（一）

第二步：进入软件界面之后，点击右上角"开始设计"按钮。

第三步：进入"新建方案"界面，点击"自由绘制"（图 2-34）。

图 2-34 "酷家乐"使用(二)

第四步:进入设计界面,构建宴会厅空间。点击界面左侧的"矩形墙",单击右侧设计框,拉出想要的长和宽,或者直接在修改框里修改数值,单位是毫米。默认先修改上边,按 Tab 键切换成修改侧边。右侧栏也可以直接修改长、宽、高的数值(宴会厅的长宽比在 1.25∶1 的使用率较高,正方形、圆形次之,大宴会厅高度在 4～5 米、小宴会厅高度在 2.7～3.5 米)(图 2-35)。

第五步:根据酒店宴会厅的实际情况创建门、窗。点击左侧"一字型窗",右侧在墙体位置单击,拉出想要的长度,调整窗户位置,右侧栏可以选择窗户类型,调整长、高、厚度、离地尺寸,用同样的方法,可以构建宴会厅门(宴会厅大门的净宽度不少于 2 米,高度不低于 2.2 米,侧门宽度常为 1.0～1.8 米)(图 2-36)。

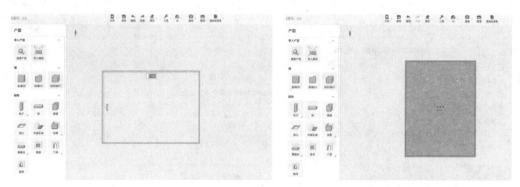

图 2-35 "酷家乐"使用(三)

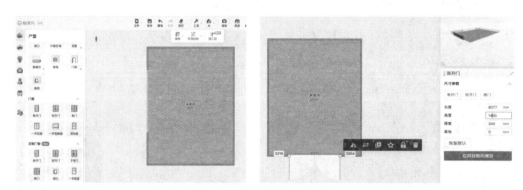

图 2-36 "酷家乐"使用(四)

第六步：根据酒店宴会厅实际情况，创建各个隐藏的功能区域，如衣帽间、休息室、音控室、化妆室等，以及宴会厅内的舞台、服务区等。衣帽间通常在宴会厅入口处，面积按每人0.04平方米计算，可以容纳75%客人的衣服。舞台宽度是背景墙的60%，舞台深度是舞台宽度的60%，舞台高度是40～60厘米或者60～80厘米，舞台台阶高是15～17厘米，面对厅门或者在门的两侧墙面。服务区既可以是隐蔽式设计，也可设在宴会厅两侧墙壁的服务台处；若服务区域位于宴会厅内部，通常会以屏风等物件进行遮挡，以确保不影响宴会厅整体设计的美观(图2-37)。就餐区设置在整个宴会厅的中间位置，根据中餐、西餐、自助餐等不同的用餐类型，就餐区的造型设计不同，这部分将在台型设计部分详细讲解。

第七步：在2D平面图设计的基础上，点击左下角的3D按钮，可以实现宴会厅三维空间转换。在3D模式下，选中一个对象，就会跳出该对象的设计标签，点击该标签就可以对该对象的色彩、材质、图案等进行装饰性设计了，如图2-38所示，选中背景墙，点击背景墙设计，可以选择各种装饰素材。

第八步：3D设计效果呈现。当宴会空间功能区和装饰物都设计完成后，点击首页右上角渲染，出现普通图、全景图、俯视图、视频、实时渲染等多种模式。以普通图为例，可以选择构图比例、清晰度、灯光、外景等参数，相机的拍摄视角要在2D模式下调整，并在3D模式下调整拍摄范围。点击渲染，3D效果图就完成了(图2-39)。

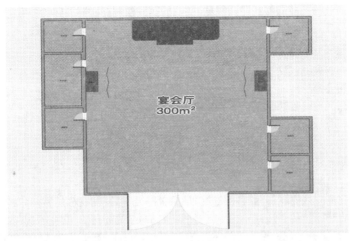

图 2-37 "酷家乐"使用(五)

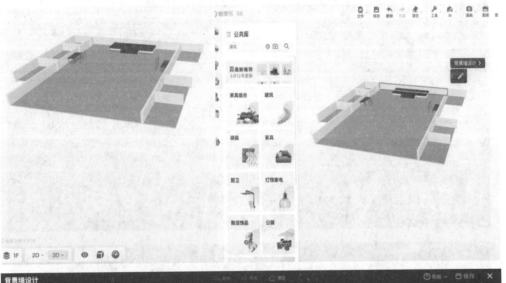

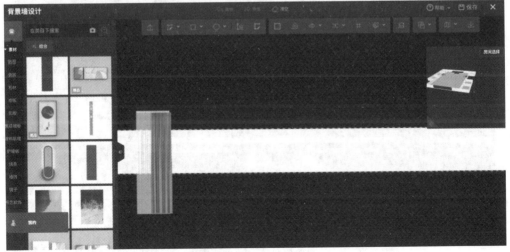

图 2-38 "酷家乐"使用(六)

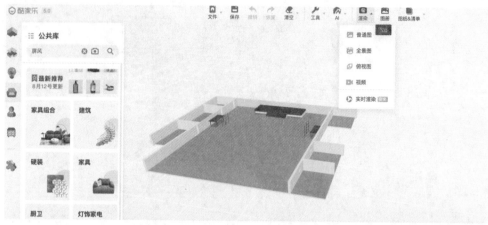
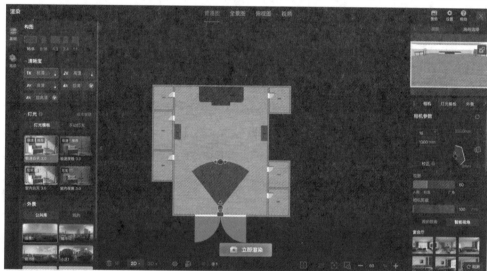

图 2-39 "酷家乐"使用（七）

任务呈现

1. 为汉式婚礼宴会绘制宴会厅功能区2D和3D图,并上传至在线学习平台。

2. 描述功能区结构设计思考。

3. 描述3D空间色彩搭配原则和创意。

任务评价

工作任务评价表

任务评价内容	分数					
	优	良	中	可	差	劣
	20	16	12	8	4	0
1.掌握宴会厅功能区构成						
2.掌握宴会厅功能区2D图制图方法						
3.掌握宴会厅功能区3D图制图方法						
4.能制作宴会厅2D和3D图						
5.制图过程能把握数据的精准程度						
总分						
等级						

A=90分及以上;B=80～89分;C=70～79分;D=60～69分;E=60分以下

学习态度评价表

学习态度评价项目	分数					
	优	良	中	可	差	劣
	10	8	6	4	2	0
1.言行得体,服装整洁,容貌端庄						
2.准时上课和下课,不迟到、早退						
3.遵守秩序,不吵闹喧哗						
4.阅读讲义及参考资料						

续表

学习态度评价项目	分数					
	优	良	中	可	差	劣
	10	8	6	4	2	0
5.遵循教师的指导进行学习						
6.上课认真、专心						
7.爱惜教材、教具及设备						
8.有疑问时主动寻求协助						
9.能主动融入小组合作和探讨						
10.能主动使用数字平台工具						
总分						
等级						

A＝90分及以上；B＝80～89分；C＝70～79分；D＝60～69分；E＝60分以下

任务总结

目标总结：主题宴会空间功能设计要掌握宴会厅的功能区构成、功能区的相对位置和功能区的面积尺寸。功能区的呈现有2D和3D图两种形式，都可以用"酷家乐"软件进行设计，要掌握软件应用的流程和思路，将空间主题装饰创意设计转化为可视化的宴会设计作品。

收获与体验：_____

_____

任务四　主题宴会台型设计

任务情境

上周你们已经完成了宴会厅功能区图的制作，但是核心部分的宴会就餐区该如何摆放餐桌才能满足宴会社交礼仪要求，这是个重要的问题。经过与新人的再次沟通得知，本次宴会将有大约100人参加，每桌坐10～12人，其中，有两桌是重要宾客，其他桌的布置也要根据亲疏关系及重要性来安排座位顺序。接下来的一周,你们需要设计出能够凸显宴会主题特色的台型布局,并分别以2D和3D图的形式向客人展示。

任务要求

通过本任务,明确主题宴会台型设计的内容、要求及目标,补充空旷的宴会厅,突出宴会主题特色,具体如下。

具体内容、要求及目标

内容	要求	目标
宴会厅台型设计	突出宴会主题,彰显宴会礼仪	知识目标:掌握宴会厅台型设计原则 能力目标:能设计突出主题内涵和礼仪的台型 素质目标:培养餐饮礼仪文化意识
宴会厅台型的呈现	空间距离精准,图片制作精美	知识目标:掌握画图软件的基本功能 能力目标:能制作2D、3D宴会厅台型设计图 素质目标:具备精益求精的精神

任务实施

学生分组表

班级		组名		组长		指导老师	
组员	学号		姓名		任务		汇报轮转顺序
备注							

任务实施计划

资料搜集整理	
任务实施计划	

 知识学习

一、宴会厅台型设计

引导问题1：宴会厅台型设计的原则是什么？

中餐宴会和西餐宴会的台型设计原则有所不同。西餐宴会中的自助餐、冷餐会、鸡尾酒会的台型设计与正餐晚宴的台型设计也有所不同。

中餐宴会台型设计的原则是"中心第一、先右后左、近高远低、方便合理"。"中心第一"是指突出主桌；"先右后左"是指主人右席的地位高于主人左席；"近高远低"指离主桌近的席位高于离主桌远的席位；"方便合理"指台型布局美观、整齐划一、间隔适当、左右对称。

中餐宴会台型设计示例如图2-40所示。

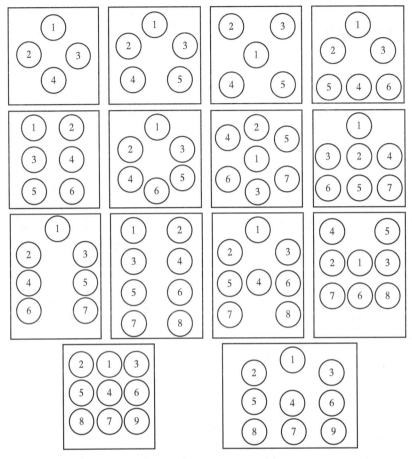

图 2-40　中餐宴会台型设计示例

（资料来源：叶伯平，宴会设计与管理（第五版），清华大学出版社，2017）

西餐宴会通常使用方桌，台型设计原则是"尺寸对称、出入方便、图案新颖"。根据用餐人数，西餐宴会常用台型包括"一"字形、"U"形、"E"形、"M"形，以及教室型等，如下图2-41所示。

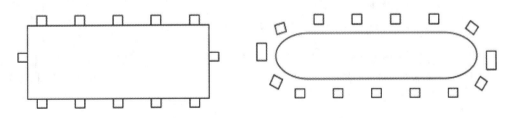

"一"字形：不超过36位宾客

图 2-41　西餐宴会台型设计示例

（资料来源：叶伯平，宴会设计与管理（第五版），清华大学出版社，2017）

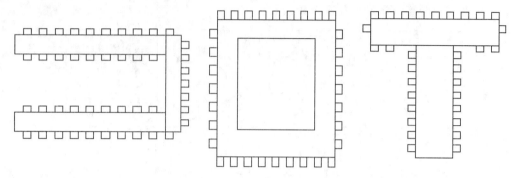

"U"形、"口"形、"U"形：超过36位宾客

"E"形、"M"形、教室型：超过60位宾客

续图2-41

鸡尾酒会常用于欢聚、庆祝、纪念、告别及开业典礼等多种场合，且不受时间限制，可随时举行。这类活动一般不设固定座位，不摆传统餐桌，而是让宾客站立，自由地以自助形式享用食物与饮品。鸡尾酒台通常设置为"一"字形长条桌或倚靠墙边的小吧台形式。

相较之下，冷餐会和自助餐更加正式。冷餐会与自助餐在本质上并无严格区别，它们的形式基本相同，都允许客人自由选择食物和饮料。冷餐会以冷菜、饮料和低度酒为主，适用于招待会、新闻发布会等场合；而自助餐的应用范围则更为广泛，包括团体联欢会和高雅的招待会，它侧重提供多样的菜品选择，包括冷菜和热菜，以满足不同客人的口味需求。在冷餐与自助餐的设计中，需注重餐台的设计与布局。设计的总体要求如下。

（1）留足够的空间布置菜肴（餐台长度=（菜盘长度+盘子间隔）×菜盘数量；餐台宽度=60厘米+60厘米+花台宽度）。

（2）充分考虑客人取菜的进度的基础上设计菜台的数量（80~120人设置一组菜

台,500人以上则每150人设一组菜台),保证人们正常行走时,每走一步就能挑选一种菜肴。

(3)充分考虑所供应菜肴的种类与规定时间内服务客人数量之间的比例问题,以保证客人取菜有序,不出现进度缓慢拥堵的现象。餐台的设计有很多种。冷餐会、自助餐会餐台示例如图2-42所示。

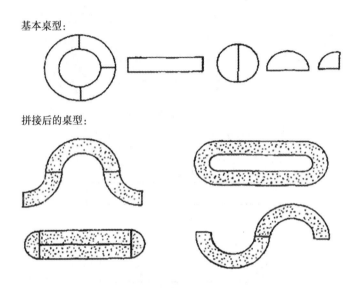

图 2-42　冷餐会、自助餐会餐台示例

(资料来源:叶伯平,宴会设计与管理(第五版),清华大学出版社,2017)

引导问题2:符合宴会内涵的宴会台型如何设计?

主题宴会空间设计过程中,需确保所有空间元素与结构均紧密贴合主题,台型设计也不例外。要注意的是,创意设计是在符合中西餐台型设计原则基础上的创意,不能脱离基本设计原则。

引导问题3:每桌宴会的席位如何安排?

在进行宴会设计时,不仅要考虑台型,还要懂得如何安排每个餐桌的席位,在某些地域文化中,席位座次的安排尤为重要,因为它直接反映了被宴请者在主办方心中的地位与尊重程度。席位安排应遵循如下几个原则:一是按国际惯例,以右为尊;二是中餐中左右或者交叉而坐;三是西餐中讲究男女穿插而坐;四是以主人为中心安排座位,主人面门而坐;五是主宾身份高贵,可安排在主人位就座,男主人和女主人分别坐在主宾的右侧和左侧。以下中、西餐席位安排示例,如图2-43所示。

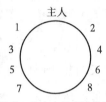

只有一个主人的席位安排

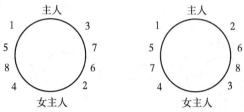

有男、女主人的两种席位安排
(1、2分别表示第一男主宾、第一男主宾夫人)

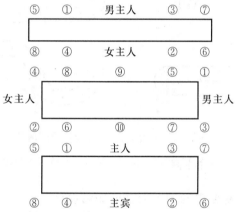

西餐"一"字形，有男、女主人的席位安排（1、2分别表示第一主宾夫人、第一男主宾）

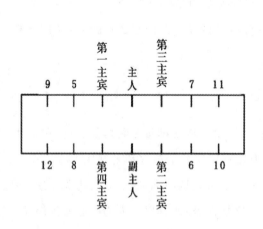

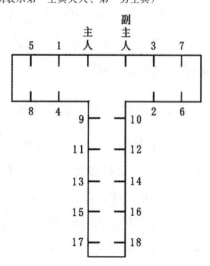

图 2-43　中、西餐席位安排示例

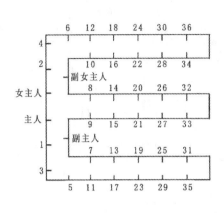
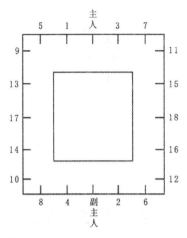

西餐，其他台型席位安排

续图 2-43

引导问题 4：宴会厅空间距离如何设计？

宴会厅就餐位置的餐桌台型设计完成后，需要考虑餐桌之间的距离、主通道和辅助通道等的距离，以保证客人、服务员及服务车能够顺利通过。一般情况下，一个人通过的宽度为 0.8 米、两个人通过的宽度为 1.1~1.3 米、三个人通过的宽度为 1.8 米。通道宽度的设置以保证客人舒适为原则，所以，宴会厅主通道的宽度不少于 1.8 米，辅助通道的宽度不少于 0.8 米。同时，要保证舞台在所有人的视野范围内，最靠近舞台的餐桌离舞台的距离不低于 2 米。

引导问题 5：宴会厅人员动线如何设计？

动线是指顾客进入餐厅后的动作路径。宴会现场服务员频繁穿梭在宴会厅内，为客人提供上菜、斟酒等服务，客人也会在空间中走动，可能会出现碰撞的问题，所以，如何规划行动线路很重要。在设计时，可以考虑以下两个重要原则。

（1）距离最短，即客人从宴会厅入口到达餐位的距离最短、服务员从服务区到达客人餐桌的距离最短。

（2）两者的动线尽量不要交叉。

服务员、客人动线图示例如图 2-44 所示。

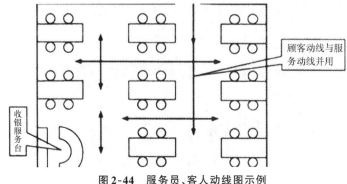

图 2-44　服务员、客人动线图示例

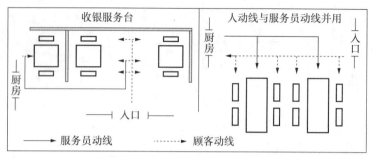

续图 2-44

二、宴会台型三维呈现

引导问题6：如何使用软件呈现宴会台型？

下面同样运用"酷家乐"软件平台来设计宴会台型，具体如下。

（1）在素材库里查找圆桌，选中一个，拖放至宴会厅相应位置（图2-45）。

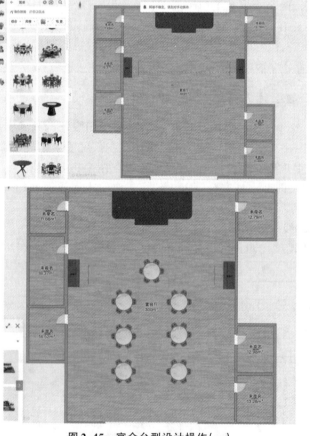

图 2-45 宴会台型设计操作（一）

（2）根据所学知识，调整空间物体之间的距离，以及主通道、辅助通道的距离。选中一个餐桌对象后，系统会自动显示它与其他对象之间的距离，此时可以手动调整数值（图2-46）。

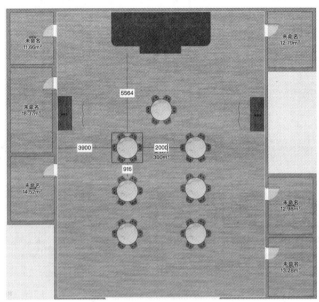

图2-46　宴会台型设计操作（二）

（3）如果选中的餐桌没有配备椅子，需要手动配置椅子。先放置一把椅子，点击它，然后点击工具栏的工具，选中"阵列"-"环形阵列"，对准桌子中心点，连接到椅子中心点，点击后，在框中填写角度和数量的数值，点击"确认"按钮即完成（图2-47）。

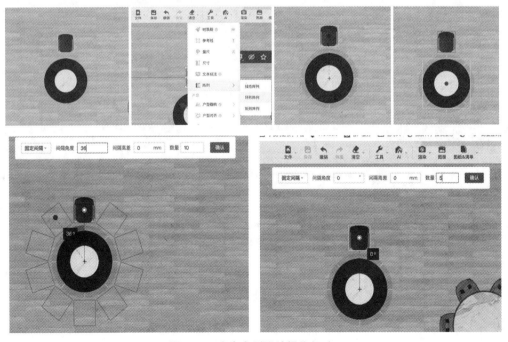

图2-47　宴会台型设计操作（三）

（4）宴会厅最终显现的空间设计需要清楚地标注空间距离、动线和标识，相关功能都可在工具中找到，如图2-48所示。

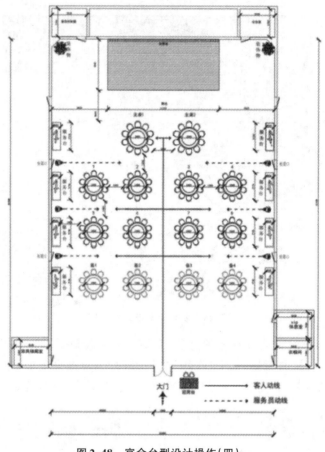

图2-48　宴会台型设计操作（四）

备注：以上所有图片为编者设计。

任务呈现

1. 为汉式婚礼宴会场地设计100人的台型场地2D和3D图，并上传至在线学习平台。

2. 宴会场地台型设计如何突出主题，如何遵循礼仪，请进行描述。

任务评价

工作任务评价表

任务评价内容	分数					
	优	良	中	可	差	劣
	20	16	12	8	4	0
1.掌握宴会中餐台型设计原则						
2.掌握宴会西餐台型设计原则						
3.掌握宴会自助餐、冷菜菜台设计原则						
4.能制作宴会台型2D和3D图						
5.制图过程能把握数据的精准程度						
总分						
等级						

A=90分及以上；B=80~89分；C=70~79分；D=60~69分；E=60分以下

学习态度评价表

学习态度评价项目	分数					
	优	良	中	可	差	劣
	10	8	6	4	2	0
1.言行得体,服装整洁,容貌端庄						
2.准时上课和下课,不迟到、早退						
3.遵守秩序,不吵闹喧哗						
4.阅读讲义及参考资料						
5.遵循教师的指导进行学习						
6.上课认真、专心						
7.爱惜教材、教具及设备						
8.有疑问时主动寻求协助						
9.能主动融入小组合作和探讨						
10.能主动使用数字平台工具						
总分						
等级						

A=90分及以上；B=80~89分；C=70~79分；D=60~69分；E=60分以下

任务总结

目标总结：主题宴会台型设计的主要内容是中、西餐台型设计原则，设计符合主题内涵的台型、宴会席位座次安排，服务动线和客人动线设计，以及使用软件平台设计并呈现2D和3D图。这一部分的设计是在宴会空间功能区设计图的基础上完成的，最终的设计图能全面体现所学的相关知识，特别是空间距离的把握，将提升学生精益求精的精神。

收获与体验：_____

任务五　主题宴会氛围设计

任务情境

上周你们已经完成了宴会空间的完成设计图，并正在和客人沟通改进方案。按照计划，你们需要同时进行宴会厅氛围设计了，包括灯光、音乐和香氛的设计。

任务要求

通过本任务，明确主题宴会氛围设计的内容、要求及目标，突出宴会主题内涵，让客人尊享视觉、听觉、嗅觉的全方位感受，具体如下。

具体内容、要求及目标

内容	要求	目标
宴会灯光设计	随宴会氛围变化而变化	知识目标：掌握灯光的基本参数知识 能力目标：能选择突出主题氛围的灯光 素质目标：提升物理科学素养
宴会音乐设计	随宴会氛围变化而变化	知识目标：掌握音乐的类型和特点 能力目标：能选择突出主题氛围的音乐 素质目标：提升音乐审美能力

续表

内容	要求	目标
宴会香氛设计	大多数人能接受的味道	知识目标:掌握香氛的类型和特点 能力目标:能选择突出主题氛围的香氛 素质目标:提升通过嗅觉感知和欣赏美的能力

学生分组表

班级		组名		组长		指导老师	
组员	学号		姓名		任务		汇报轮转顺序
备注							

任务实施计划

资料搜集整理	
任务实施计划	

一、宴会厅灯光设计

引导问题1：宴会厅灯光如何设计才能提高氛围感？

灯光的设计应注重节能与实用性，选择节能光源，并设计灯具控制系统，以便根据实际情况调整灯具的色温、照度及显色性等参数，满足不同宴会氛围设计需求。色温方面，较低的色温（如3000K以下）偏暖白色，可以营造温暖、温馨的氛围，适合浪漫或放松的场合，如宴会厅中的婚礼或休闲聚会；较高的色温（如5000K以上）则有明亮、清冷的感觉，更适合需要保持清醒或正式的场合，如企业年会或学术讲座。照度方面，一般来说，餐厅的照度标准应不低于150 lx，以确保足够的亮度让顾客舒适地用餐。不同类型的餐厅对照度的需求也不同，宴会厅的照度要求较高，通常在设计时会将照度做到300~500lx，以满足空间光环境的需求。显色性方面，显色性关乎光源对物体颜色的还原程度，显色性好的光源能更好地展现食物的真实颜色，餐桌上方的重点照明优先选择显色指数不低于90的灯具。

宴会厅的舞台上常见的灯光设备有射灯、光束灯、染色灯及激光灯等，它们能够营造出丰富多彩的氛围，满足不同的表演和活动需求。具体而言，射灯可以提供集中的光束，用于突出舞台上的重点区域或表演者；光束灯则可以产生强烈的光束效果，增加舞台的视觉冲击力；染色灯则可以改变场景的颜色和氛围；激光灯则能创造出独特的激光效果，增加娱乐氛围。

二、宴会厅音乐设计

引导问题2：如何选择宴会厅音乐以提升氛围感？

宴会厅音乐的选择对于营造氛围至关重要，它需与宴会的主题、氛围及客人的喜好相匹配。宴会厅音乐可以是轻松愉悦的，如钢琴曲和轻音乐等，为客人创造一个舒适、放松的环境，这类音乐往往旋律优美、节奏平稳，有助于提升宴会的整体氛围；宴会厅音乐可以是欢快热烈的，如进行曲和颁奖曲等，适合活动颁奖、仪式开幕等场合，能够激发客人的情绪，增加宴会的喜庆氛围；宴会厅音乐可以是节奏强烈、气势磅礴的，能够鼓舞士气或营造热烈氛围，适用于开场、上下场等场合；宴会厅音乐可以是电子音乐，这类音乐使用电子乐器和电子设备演奏，具有独特的音色和节奏感，常用于现代派对和舞蹈活动。此外,还可以根据宴会的具体需求,选择具有特定风格或主题的音乐,如民族风、古典风等,以满足不同客人的喜好。

三、宴会厅香氛设计

引导问题3:如何设计宴会厅香氛以提升氛围感?

宴会厅香氛的设计对于提升整体氛围至关重要,以下是关键的设计要点。

(1)选择合适的香氛:根据宴会厅的整体风格和宴会主题,选择与之相匹配的香氛。例如,浪漫主题的宴会可以选择玫瑰或薰衣草香氛来营造温馨氛围。

(2)考虑香氛的释放位置:在宴会厅的入口、中央区域等关键位置重点布置香氛系统,确保香气能够均匀覆盖整个空间,同时避免过于集中。

(3)注重香氛的持久性和安全性:选择能够持续稳定释放香气的系统,并确保其安全无毒,尤其要考虑到宴会中可能有小孩和老人等及其他敏感人群在场,以保障所有人的健康与安全。

通过以上设计要点,宴会厅的香氛将能有效提升整体氛围,为客人带来更加愉悦和难忘的体验。

为汉式婚礼宴会设计适合的灯光、音乐和香氛,并进行阐述。

工作任务评价表

任务评价内容	分数					
	优	良	中	可	差	劣
	20	16	12	8	4	0
1.掌握宴会中灯光的参数						
2.掌握宴会不同灯光的特点						
3.掌握宴会中音乐的类型						
4.掌握宴会厅香氛的选择关键点						

续表

任务评价内容	分数					
	优	良	中	可	差	劣
	20	16	12	8	4	0
5.能根据主题,选择适合的灯光、音乐和香氛						
总分						
等级						

A＝90分及以上;B＝80~89分;C＝70~79分;D＝60~69分;E＝60分以下

学习态度评价表

学习态度评价项目	分数					
	优	良	中	可	差	劣
	10	8	6	4	2	0
1.言行得体,服装整洁,容貌端庄						
2.准时上课和下课,不迟到、早退						
3.遵守秩序,不吵闹喧哗						
4.阅读讲义及参考资料						
5.遵循教师的指导进行学习						
6.上课认真、专心						
7.爱惜教材、教具及设备						
8.有疑问时主动寻求协助						
9.能主动融入小组合作和探讨						
10.能主动使用数字平台工具						
总分						
等级						

A＝90分及以上;B＝80~89分;C＝70~79分;D＝60~69分;E＝60分以下

任务总结

目标总结:灯光、音乐、香氛等是提高主题宴会氛围的重要因素。其中,灯光的色温决定其冷暖感,适宜的亮度和对重点区域的高亮度设计至关重要,同时,灯光的显色性需与食物色彩相协调,以激发用餐者的食欲。音乐有轻松愉悦、热烈活泼、气势磅礴等类型,分别适合不同活动主题的宴会。此外,香氛的选择、释放位置、安全性及持久性也对宴会体验有着显著影响。需要强调的是灯光、音乐、香氛的选择一定要和宴会主题内涵相一致。

收获与体验：_____

_____

_____

项目二
彩图

项目三
主题宴会餐台设计

任务一　主题宴会餐台物品

任务情境

宴会部经理接到任务,要根据目标客户群体需求调查结果,在一个月内完成周岁宴中餐和西餐主题宴会餐台物品设计任务。请你的团队根据设计工作要求,及时完成任务分工,做好宴会餐台物品设计工作。

任务要求

通过本任务,明确主题宴会餐台物品设计的具体内容、要求及目标,为后面主题宴会菜单设计、服务设计等奠定基础,具体如下。

具体内容、要求及目标

内容	要求	目标
物品构成	厘清主题宴会餐台物品	知识目标:掌握餐台物品的功能和类别 能力目标:能够准确区分中、西餐餐台物品 素质目标:弘扬并传播中外宴会中的礼仪习俗与文化
物品设计	宴会餐台物品设计要符合主题	知识目标:掌握主题餐台物品设计原则和要素 能力目标:能根据主题设计餐台物品 素质目标:培养审美情趣

任务实施

学生分组表

班级		组名		组长		指导老师	
组员	学号		姓名		任务		汇报轮转顺序
备注							

任务实施计划

资料搜集整理	
任务实施计划	

知识学习

一、物品构成

引导问题1：宴会餐台物品有哪些？

宴会餐台的物品，按照用途可以分为以下三大类。

1. 公共物品

主题宴会餐台上的公共物品包括台布、装饰布、转台、公用筷架、公用筷子、公用勺、主题牌、烛台、蜡烛、椒盐瓶、牙签盅、菜单、桌旗等。

2. 餐位用品

主题宴会餐台上的餐位用品包括筷子、筷架、口汤碗、汤勺、骨碟、味碟、酒杯、口布、席位卡、餐刀、餐叉、面包盘、黄油碟、毛巾碟等。

3. 装饰用品

主题宴会餐台上的装饰用品包括中心装饰物，比如装饰花、雕刻物品、盆景、果品、面塑、艺术品等，还包括配套的椅套。

引导问题2：中餐主题宴会餐台物品有哪些？

中餐主题宴会餐台物品配置（以10人台面为例）如下。

1. 公共物品

台布一条，装饰布一条，转台一个（根据用餐形式、可选择），台号牌一个，公用筷架两个，公用勺两只，公用筷子两双，菜单两本（或每人一本），椒盐瓶和牙签盅一组（根据用餐形式选择），酱醋壶一组（根据用餐形式选择），烟灰缸（根据客人需求或酒店规定）两个。

2. 餐位用品

装饰盘每人一个（可选择），骨碟每人一个，味碟每人一个，口汤碗每人一个，汤勺每人一只，筷架每人一个，筷套、筷子每人一双，长柄勺每人一只，口布每人一块，水杯每人一个，红葡萄酒杯每人一个，白酒杯每人一个，席位卡每人一个，毛巾碟每人一个。

3. 装饰用品

中心装饰物一组，包括鲜花绿植、雕刻物品、面塑、艺术品等，还有按主题设计的造型口布、造型椅套每人一个，共同营造主题宴会的中心思想。

中餐主题宴会餐台物品配置示例如图3-1、图3-2所示。

图3-1　中餐主题宴会餐台物品配置示例（一）

1.看盆；2.骨盆；3.水杯口花布；4.红酒杯；5.白酒杯；6.筷子、筷架、银勺、牙签袋；7.汤碗勺；8.公筷勺架；9.烟灰缸；10.转台；11.鲜花摆设

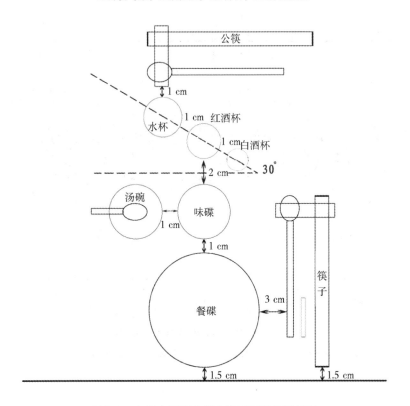

图3-2　中餐主题宴会餐台物品配置示例（二）

引导问题 3：西餐主题宴会餐台物品有哪些?

西餐主题宴会餐台物品配置（以"一"字形台面6人为例）如下。

1. 公共物品

台布一条或两条（适合1.2米×2.4米长桌），烛台两个，蜡烛两组，主题牌一个，菜单两本（或每人一本），椒盐瓶两套，牙签盅两个。

2. 餐位用品

装饰盘每人一个，口布每人一条，餐刀（主菜刀、鱼刀、开胃品刀）每人各一把，餐叉（主菜叉、鱼叉、开胃品叉）每人各一把，汤匙、甜品勺、甜品叉每人各一只，面包盘每人一个，黄油刀每人一把，黄油碟每人一只，水杯、红葡萄酒杯、白葡萄酒杯每人各一只，席位卡每人一个。

3. 装饰用品

中心装饰物一组，桌旗一条（可选择），造型口布、造型椅套每人一个。

西餐宴会公共物品摆放示意图如图3-3、图3-4所示。

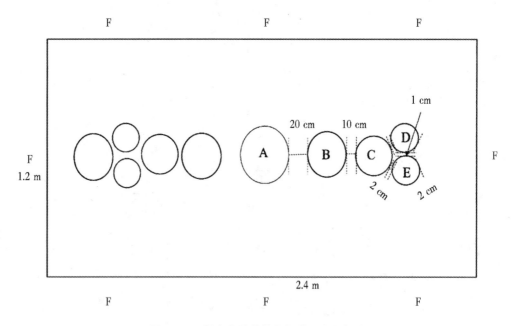

图3-3 西餐宴会公共物品摆放示意图（一）
A.花瓶或花座；B.烛台；C.牙签；D.盐罐；E.胡椒罐；F.座位

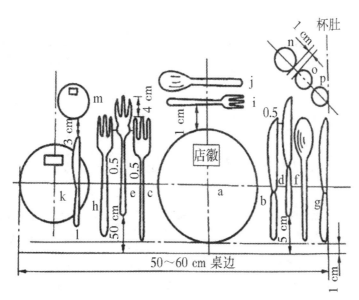

图 3-4 西餐宴会公共物品摆放示意图(二)

a.装饰盘；b.主菜刀；c.主菜叉；d.鱼刀；e.鱼叉；f.汤匙；g.开胃品餐刀；h.开胃品叉；i.水果叉；j.点心勺；k.面包盘；l.黄油刀；m.黄油碟；n.冰水杯；o.红酒杯；p.白葡萄酒杯

二、餐台物品设计

> 引导问题4:什么是主题宴会餐台物品设计？

主题宴会餐台物品设计是针对宴会主题,运用一定的心理学、美学、营销学等知识,采用多种手段,将各种宴会餐台物品进行合理摆设和装饰点缀的过程。

> 引导问题5:主题宴会餐台物品如何设计？

主题宴会餐台物品包括布草类物品、餐具类物品、中心装饰物、其他类物品。各类物品在设计过程中共同遵循两个原则:一是突出主题、符合主题内涵;二是精美雅致;三是经济实惠、可重复利用。在设计过程中,主要考虑材质、色彩和图案等要素。

1. 布草类物品

(1) 材质:不同材质的布草所能带来的风格特征是不同的,如棉麻材质的布草给人一种质朴的感觉,缎面材质的布草有一种华丽感。

(2) 色彩:布草颜色要与宴会厅的主题色相一致,如传统中式婚宴用中国红作为布草颜色,自然风格宴会布草颜色可以选择白色、浅绿色等。

(3) 图案:布草上可以设计一些能够突出主题内涵的花纹,如与"茶"有关的主题宴会可以在布草上设计茶叶、茶杯、茶壶等相关图案。

2. 餐具类物品

(1)材质:不同风格的主题设计要选用恰当材质的餐具,如自然风的设计通常选用木质的筷子、勺子、杯子等,现代风的设计可以选用玻璃杯具、不锈钢餐具等。

(2)图案:餐具上也可以呈现符合主题的图案,如筷子和牙签可以设计有主题花纹图案的筷套、牙签套;杯子上可以有珐琅彩立体花型设计等。

3. 中心装饰物

中心装饰物是整个宴会餐台设计的点睛之笔,也是最具有观赏性和寓意性的物品。

(1)材质:中心装饰物可以用多种类材质来表现,比如鲜花、水果、动物造型等。

(2)色彩:中心装饰物的色彩在整体上要与桌布形成对照或者对比,过渡色要与桌布颜色相近或者呈现渐变效果,其他颜色可作为点缀色,增加层次感。

(3)图案:根据"虚实结合"的设计理念,中心装饰物可以是明确具体的造型,也可以是虚无缥缈的造景。另外,为了不影响客人用餐和社交,中心装饰物的宽度不超过60厘米(1.8~2米直径圆桌)或者30厘米(2.4米方桌),高度不超过30厘米。

4. 其他类物品

(1)菜单的设计不仅要考虑材质、色彩、图案等元素,还要考虑菜单上的字体、形状和菜单规格等要素。菜单字体、形状可以根据宴会的主题内涵、风格和特点进行多样化的创意设计,不受固定模式的限制。例如,以"思乡"为主题的宴会,菜单可设计成船的形状,以抽象手法来表达"你在那头、我在这头"的思念之情;至于菜单的规格,其宽度应适当,确保在放置位置左右能预留出1~2厘米的空间,高度不超过20厘米。

(2)桌号牌和名牌等其他标识性物品也可以在材质和图案上做一些细致的设计,但通常在与主题宴会风格一致的基础上,设计尽量简约明了。

以下是中、西餐主题宴会物品设计案例赏析。

案例一:

"诗词吟"中餐主题餐台物品设计

宴会围绕"诗词吟"这一主题展开设计,从布草基调、主题装饰物、餐具和菜单设计等方面共同展现中国传统文化的魅力。

中心装饰物是一本利用3D打印技术精心制作的翻开状古书,书页上清晰可见的词句仿佛正被阅读。古书旁摆放着一个古朴写意的官窑花瓶,瓶身周围散落着点点落花,营造出一种古代文人于窗前灯下,沉浸于四书五经研读的场景。

深咖啡色的装饰布配以淡绿的台布,两种颜色的搭配既符合视觉观赏效果,又与台面上的小装饰物、餐具相互映衬,和谐一体。白色纯棉的口布上印有蓝色主题图案,既丰富了台面色调,也与椅套、主题牌上的图案一致,让主题更加鲜明。

宴会餐具选用带有江南山水图案的骨瓷白色餐具,清新淡雅;筷套、牙签套以主题图案为背景,诗情画意,整体设计与主题相呼应。菜单外观采用玉佩的造型,精巧细致,与中心造型相映成趣。

"诗词吟"中餐主题餐台物品设计示例如图3-5所示。

图3-5 "诗词吟"中餐主题餐台物品设计示例

案例二:

"1896雅典记忆"西餐主题宴会餐台物品设计

1896年是体育运动发展史上非常特别的一年。第一届现代奥林匹克运动会于1896年在希腊雅典举办,来自美国、法国、瑞士及希腊等13个国家共

311名运动员参加了此次盛会。

　　基于上述历史背景设计西餐主题宴会餐台。这是一个以1896年奥运会为主题而设计的西餐餐台。此餐台巧妙融合了那一届奥运会的诸多珍贵场景与元素，让人仿佛穿越时空，亲临现场。紫色带有金边的桌旗点亮了整张台面，中心装饰物中最核心的部分是放在花朵中的仿制奖牌，上面刻有第一届奥运会金牌上的宙斯和雅典娜女神像，罗马柱的烛台上奥运圣火经久不息，代表奥林匹克永远拼搏的精神。一块块精心设计的口布上摆放着当年奥运会的邮票，非常有纪念意义。奥林匹克精神最重要的是参与，就像我们生活中最重要的并不是成功，而是奋斗。

　　一百多年过去了，以这种方式来回忆这场盛会仍有特别的意义。"1896雅典记忆"这一餐台的设计，通过物品的装饰和点缀，将客人带进了古老的时光里。中心装饰物及餐台物品完美地呈现了奥林匹克体育文化的起源。

　　"1896雅典记忆"西餐主题宴会餐台物品设计示例如图3-6所示。

图3-6　"1896雅典记忆"西餐主题宴会餐台物品设计示例

任务呈现

　　1.能根据周岁宴宴会主题内涵，设计中餐、西餐主题宴会餐台物品，将图片上传至在线学习平台，并将物品设计的原因描述如下。

任务评价

工作任务评价表

任务评价内容	分数					
	优	良	中	可	差	劣
	20	16	12	8	4	0
1.餐台物品种类合理,没有遗漏						
2.餐台物品设计能体现宴会主题内涵						
3.物品整体设计美观精致,富有文化性						
4.中心装饰物规格与餐桌比例恰当						
5.餐台物品经济环保,可重复利用						
总分						
等级						

A＝90分及以上;B＝80～89分;C＝70～79分;D＝60～69分;E＝60分以下

学习态度评价表

学习态度评价项目	分数					
	优	良	中	可	差	劣
	10	8	6	4	2	0
1.言行得体,服装整洁,容貌端庄						
2.准时上课和下课,不迟到、早退						
3.遵守秩序,不吵闹喧哗						
4.阅读讲义及参考资料						
5.遵循教师的指导进行学习						
6.上课认真、专心						
7.爱惜教材、教具及设备						
8.有疑问时主动寻求协助						
9.能主动融入小组合作和探讨						
10.能主动使用数字平台工具						
总分						
等级						

A＝90分及以上;B＝80～89分;C＝70～79分;D＝60～69分;E＝60分以下

 任务总结

目标总结：宴会是现代人们生活中常见的一种社交活动形式。成功的宴会由众多因素组合而成，其中宴会餐台设计是非常重要的因素之一。主题宴会餐台物品主要包括布草类物品、餐具类物品、中心装饰物、其他类物品，物品设计主要围绕宴会主题合理选取和布置这几类物品。设计完美的宴会餐台可以突出宴会主题、烘托宴会气氛、体现宴会档次、展现服务水平。应该说，现代宴会餐台设计已不仅仅是一种服务技能，同时也是一门科学，更是一门艺术。

收获与体验：_____

_____

_____

任务二　主题宴会餐台设计

 任务情境

宴会销售部经理接到任务，要根据目标顾客需求调查结果，为不同的主题设计中、西餐宴会餐台。请你的团队分组、分工合作，在一个月内，做好中秋家宴、尾牙宴、养生宴等三个主题宴会的餐台设计。

 任务要求

通过本任务，明确主题宴会餐台风格类型和设计原则的内容、要求及目标，为主题宴会餐台设计把握好主题方向，具体如下。

具体内容、要求及目标

内容	要求	目标
风格类型	不混淆各种风格	知识目标：掌握主题宴会设计的风格类型 能力目标：能设计不同风格的主题宴会 素质目标：提升艺术审美能力

续表

内容	要求	目标
设计原则	把握各原则的和谐度	知识目标：理解设计原则的要点 能力目标：能运用原则设计主题餐台 素质目标：培养全局意识

学生分组表

班级		组名		组长		指导老师	
组员	学号		姓名		任务		汇报轮转顺序
备注							

任务实施计划

资料搜集整理	
任务实施计划	

知识学习

一、宴会餐台设计风格

引导问题 1：主题宴会餐台设计风格有哪些？

主题宴会餐设计台风格可以根据宴会主题和顾客需求来选择，以下列举几种常见的风格类型。

（1）古典风格：以古典元素为主题，如使用古典花纹的餐具、烛台和装饰物，色彩上可以选择金色、暗红色等，营造出高贵典雅的氛围。

（2）现代简约风格：以简洁的线条和现代感的设计元素为主，如使用简约的餐具、玻璃器皿和现代装饰品，色彩上以白色、银色为主，营造出现代感十足的台面风格。

（3）自然风格：以自然元素为主题，如使用木制餐具、花卉装饰和绿色植物，色彩上以绿色、棕色等自然色系为主，营造出清新自然的氛围。

（4）海洋风格：以海洋元素为主题，如使用蓝色和白色的餐具、贝壳和海星等装饰物，营造出轻松愉悦的海滨氛围。

（5）节日风格：根据特定的节日主题来设计，如春节可以使用红色或金色元素的餐具，以及灯笼、中国结等装饰物，营造出节日的喜庆氛围。

二、宴会餐台设计原则

引导问题 2：宴会餐台设计要遵循哪些原则？

1. 特色原则

突出宴会主题，体现宴会特色，如婚庆宴会就应摆设"囍"字席及百鸟朝凤、蝴蝶戏花等餐台；接待外宾时，就应摆设友谊席、和平席等。同时，餐台设计还需结合季节元素，如春季可以摆放桃形装饰，夏季则以荷花为饰品，秋季使用菊花，冬季则点缀梅花。宴席的意境也是如此，婚宴追求"动美"，强调醒目浓烈；寿宴则注重"静美"，讲究清淡含蓄。此外，宴会规格也决定了装饰细节，如是否设计看台、花台、餐桌间距、餐位大小、餐具种类与品牌、服务形式等。高级宴席不仅摆放筷子、汤勺、味碟和水杯，还会增设看盘与各类酒杯。

2. 实用原则

宴会餐台物品是供宴会客人用餐时使用的，因此，实用性是宴会台面设计的首要原则。餐台设计的实用性原则具体体现在以下三个方面。

(1)宴会餐台布置的餐具、酒具必须满足顾客进餐的需要,因此设计时选用的餐具、酒具质量、数量、摆放的位置等都必须以此为前提。

(2)宴会餐台布置应充分考虑用餐习惯,选用与宴会类型相匹配的餐具。例如,西餐宴会应配备刀叉,而中餐则准备筷子等餐具。

(3)宴会餐台布置应方便客人用餐和服务员提供服务。例如餐桌的大小应根据人数的多少决定,中餐的筷子放在右手边等。

3.美观原则

美观原则是指餐台的设计要根据宴会举办的目的、顾客的要求,结合传统文化,运用美学,把各种用餐器具有机地组合起来,使宴会餐台具有艺术效果,营造出一种特殊的气氛,以此带给顾客美的享受。实现宴会餐台的美观性需要考虑以下几个方面。

(1)对称性:整个台面的餐具、酒具、餐巾花、餐椅等物品摆放要对称。

(2)动态性:台面设计有动有静、动静结合,给客人带来丰富的体验。

(3)层次性:高低错落有致的设计能够带来层次感,降低单调的视觉感受。

(4)强调性:中心装饰物的设计起到画龙点睛的作用,强调了整个宴会主题。

(5)色彩协调:色彩的协调一致较为符合大众审美,能带来视觉的舒适感。

4.寓意原则

好的餐台不仅能满足参宴者进餐方便的需要,给人以美的享受,同时它还能反映一定的文化内涵,体现主人的办宴宗旨和思想。因此,一个高明的宴会设计师应擅长运用多样化的色彩、花卉及民族图案来展现文化意蕴,赋予餐台一定的寓意,反映宴会主题,表达人们的思想情感。

5.便捷原则

餐饮工作是一项十分辛苦的工作,举办大型宴会时,要做的事情很多。因此,宴会餐台设计不可太烦琐、复杂。要在保证实用美观的前提下,尽量做到方便、快捷。要做到这点,一方面需要不断提高服务员的服务水平,另一方面要努力改进和完善餐台造型工艺,适应不同情况的需要。

6.界域性原则

宴会用餐与一般日常用餐不同,特别是大型宴会参加人数较多,因此餐台设计与布置应充分考虑每位宾客、每个团体的实际需要。为确保每位宾客都能享有清晰且舒适的用餐体验,餐台上的物品应当进行适当分隔,并确保归属明确。这就要求餐台的设计与布置必须严格遵循界域性原则,例如,餐具应按人头配套摆放,且摆放方式应清晰易辨,从而避免相邻宾客之间的困扰或混淆。

7. 礼仪原则

餐台的设计与布置需全面考虑宾客的声望、地位、宴会的目的以及主客身份等多种因素,以确保能够彰显出宴会的礼仪规格与档次。在选择插花、餐巾折花及台布颜色时,必须细致核对,确保它们符合宾客的文化传统与习俗,避免任何可能的文化冲突或误解。特别是对于有着特定民俗忌讳的宾客,更应尊重其习俗与习惯,进行有针对性的设计,以确保每位宾客都能感受到尊重和舒适。

8. 卫生安全原则

卫生安全原则是餐饮行业提供饮食服务的普遍原则,宴会餐台设计界必须对此予以重点考虑。在宴会上,食品及餐具的卫生状况往往是宾客特别关注的焦点。因此,宴会餐桌上所使用的各类餐具必须确保清洁卫生,这包括餐具要经过充分的洗涤与消毒处理,餐巾的折叠应简洁且保持清洁,以防止污染,同时,台面也需要进行彻底的清洁,确保无污渍、无杂物,此外,为了进一步提升卫生水平,还应设置公用餐具,以满足宾客在用餐过程中的需求。

三、宴会餐台设计的三维呈现

引导问题3:如何使用软件呈现宴会餐台?

同样可以使用"酷家乐"云设计软件平台来设计宴会餐台,注意要点如下。

(1)在素材库里查找已经带有餐具的餐桌,也可以选择符合主题的餐具摆放在餐桌上。手动摆放餐具时同样可以使用"环形阵列"功能(图3-7)。

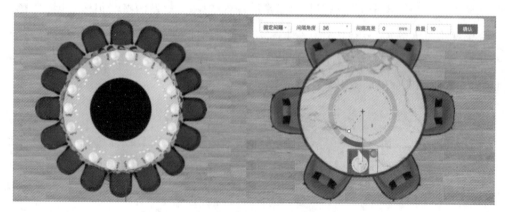

图3-7　宴会餐台设计操作(一)

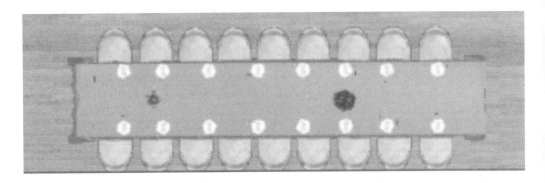

续图 3-7

（2）由于软件的局限性，中心装饰物设计过程存在对象缺失的问题，可以通过"模糊搜索"或者模型导入的方式来解决，若确实无法解决这一问题，可采用对象替代的方式，如具体的某种花或船搜索不到时，关键词可以改为"花或船"。

（3）中心装饰物的比例有问题时，可以通过调整物品的高度值来形成层次感（图 3-8）。

图 3-8　宴会餐台设计操作（二）

（4）餐台中心装饰物设计要用 3D 模式，最后的作品呈现如图 3-9 所示。

图 3-9　宴会餐台设计操作（三）

1. 完成中秋家宴、尾牙宴、养生宴三个主题宴会的餐台设计,将3D图片上传至在线学习平台。

2. 说明三个主题宴会的主题内涵、设计风格及设计原则。

工作任务评价表

任务评价内容	分数					
	优	良	中	可	差	劣
	20	16	12	8	4	0
1.能区分不同宴会主题的特点						
2.根据顾客需求和主题内涵确定风格类型						
3.能合理呈现风格类型						
4.能应用主题宴会餐台设计原则						
5.能呈现主题宴会设计3D图						
总分						
等级						

A=90分及以上;B=80~89分;C=70~79分;D=60~69分;E=60分以下

学习态度评价表

学习态度评价项目	分数					
	优	良	中	可	差	劣
	10	8	6	4	2	0
1.言行得体,服装整洁,容貌端庄						
2.准时上课和下课,不迟到、早退						
3.遵守秩序,不吵闹喧哗						
4.阅读讲义及参考资料						
5.遵循教师的指导进行学习						
6.上课认真、专心						

续表

学习态度评价项目	分数					
	优	良	中	可	差	劣
	10	8	6	4	2	0
7.爱惜教材、教具及设备						
8.有疑问时主动寻求协助						
9.能主动融入小组合作和探讨						
10.能主动使用数字平台工具						
总分						
等级						

A＝90分及以上；B＝80～89分；C＝70～79分；D＝60～69分；E＝60分以下

任务总结

目标总结：主题宴会餐台设计需要根据不同的宴会主题、顾客需求和主题内涵选取合理的设计风格类型，要求设计者具备较高的文化素养、全面的知识及专业的服务认知。在设计过程中遵循宴会餐台设计原则，既充分考虑宾客用餐的需求，又大胆地构思、创意，将实用性和观赏性完美结合，并能够形象、具体地展现在宾客面前。

收获与体验：_____

主题宴会台面案例赏析

项目四
主题宴会菜单设计

任务一　主题宴会菜品设计

任务情境

酒店即将举办一场盛大的国际文化交流宴会,你作为宴会策划团队的一员,负责设计宴会菜品。这场宴会将吸引来自世界各地的宾客,包括外交官、企业家和文化学者等。因此,宴会菜品既要体现出国际化的特色,同时又要融合地方文化的精髓。

任务要求

通过本任务,明确宴会菜品结构设计原则以及宴会菜品命名原则,为主题宴会在线下的开展奠定基础,具体如下。

具体内容、要求及目标

内容	要求	目标
宴会菜品结构设计	综合考虑各种设计因素	知识目标:掌握宴会菜品种类及数量 能力目标:能设计出合理的菜品结构 素质目标:培养全面思考意识
宴会菜品命名	突出主题,具有文化性	知识目标:掌握宴会菜品命名的原则 能力目标:能够创造性地为宴会菜品命名 素质目标:提升文化素养

 **任务实施**

学生分组表

班级		组名		组长		指导老师	
组员	学号		姓名		任务		汇报轮转顺序
备注							

任务实施计划

资料搜集整理	
任务实施计划	

知识学习

一、宴会菜品结构设计

引导问题1：什么是菜品？

菜品，通常是指在餐饮服务中提供给顾客的各种食物的统称。菜品包括主菜、配菜、前菜（开胃菜）、甜点、汤品等多种类型的食物。每一道菜品均由特定食材经烹饪或加工而成，独具风味、质地与营养价值。菜品的设计与制作不仅需兼顾味道与外观，还需考虑健康因素、营养均衡及适应不同顾客的饮食习惯和文化背景。在宴会中，菜品的选择和质量往往是评价餐厅服务水平的重要标准。

引导问题2：宴会菜品设计原则有哪些？

无论是中餐还是西餐，在设计宴会菜品时都应该遵循以下原则。

1. 平衡与多样性

中餐宴会通常包括冷菜、热菜、汤、主食等，每类菜品都有多种口味和烹饪方式，如炒、炖、蒸、煮等。在进行菜品设计时，除了考虑食材的选择，还要考虑五味调和，即酸、甜、苦、辣、咸的平衡。

西餐宴会通常包括开胃菜、主菜、沙拉、汤、甜品和咖啡或茶等，每道菜品都有其独特的风味。在进行菜品设计时，要考虑食材的多样性，涵盖肉类、海鲜、蔬菜、奶酪和谷物等多种选择。

2. 主题一致性

宴会菜品设计应与宴会的主题紧密相连，命名、装饰和呈现方式都与主题相呼应，增强宴会的整体感。宴会可以根据节日、季节或特定的文化主题设计菜品，也可以根据主办方的具体要求来设计主题。因此，菜品的命名和餐桌装饰也会与宴会主题相呼应。

3. 营养均衡

宴会中需要注重食材的荤素搭配，以及五谷杂粮、肉类、蔬菜和水果的均衡。宴会菜品应考虑到色、香、味、形、养的统一，确保营养和美味的结合。

4. 口味适宜

宴会菜品设计需要考虑宾客的地域差异，适当调整菜品的口味，以适应不同宾客的饮食习惯。同时,提供一些清淡或重口味的菜品,满足不同宾客的口味需求。

5. 分量控制

宴会的菜品分量适中,以确保宾客能够品尝到多样的菜品而不造成浪费。

6. 色彩搭配

中餐宴会菜品色彩丰富,利用不同颜色的食材进行搭配,增加视觉上的享受。摆盘时也会考虑色彩的和谐与对比,使菜品更具吸引力。

7. 烹饪技巧

菜品的制作注重食材的新鲜度和烹饪的时效性,以保证最佳口感。尤其是中餐宴会,更强调精湛烹饪技艺的展示,如刀工、火候控制和独特的烹饪手法。

8. 器皿与摆盘

选择与主题匹配的、具有特色的器皿,如瓷器、漆器等。摆盘讲究美观和寓意,提升菜品观赏性。G20杭州峰会宴会接待餐具与摆盘如图4-1所示。

图4-1　G20杭州峰会宴会接待餐具

（资料来源：厦门筼筜书院现场拍摄）

9. 文化融合

在保持各自饮食文化独特性的同时,也会融入其他菜系或国际烹饪元素及摆盘方式,从而创新出中西合璧的菜品,以此吸引更加广泛的宾客群体。

10. 季节与地域特色

中餐宴会善于运用当地的时令食材,比如春季的竹笋、秋季的蟹等,体现季节的变化。菜品设计也会体现地域特色,如川菜的麻辣、粤菜的清淡等,展现中国饮食文化的多样性。

引导问题3：如何设计中西结合的主题宴会菜品？

设计中西结合的主题宴会菜品结构是一项富有创意的任务，它要求厨师和设计者深入理解两种文化的饮食特点（如食材、烹饪方式、口味等），并巧妙地将它们融合在一起。以下是设计中西结合的主题宴会菜品的一些建议。

1. 融合文化特色

确定宴会主题，并研究中西餐饮文化的特点。选择能够代表两种文化的核心菜品，如中式的北京烤鸭与西式的牛排，并在菜品设计中融入此次宴会的主题。

2. 创新食材与烹饪技艺

尝试将中西餐的食材和烹饪技术进行创新性融合。使用中式香料调味西方海鲜食材。例如，可以用花椒酱配香煎龙利鱼排，或用西式烹饪手法处理中式食材，打造出如香辣小龙虾海鲜饭等新颖口味的菜品。

3. 平衡菜品结构

设计合理的菜品结构，包括前菜、汤品、主菜、甜品等，同时考虑口味的平衡和营养的均衡。确保菜品种类丰富，既展现中式的多样性，也体现西式的精致。

4. 器皿与摆盘设计

选择和宴会主题相匹配的器皿，结合使用中式瓷器和西式银器。在摆盘上融合中西餐的艺术特点，注重色彩、形状和装饰的和谐，以及摆盘的创意和美感。

5. 宾客体验与反馈

考虑宾客的口味偏好和饮食限制，确保菜品设计能够满足不同宾客的需求。在宴会前进行菜品测试，收集反馈进行调整，并在宴会过程中继续收集宾客意见，以优化服务和菜品。

引导问题4：中餐、西餐宴会菜品是如何构成的？

1. 中餐宴会的菜品结构

（1）迎宾茶：宴会开始前，提供茶水，供宾客边聊天边享用。

（2）冷盘（凉菜）：通常2~4道，开胃的冷盘（凉菜）如熏鱼、拌海蜇等。一般筵席可用什锦冷盘或单四碟、四双拼等，高档筵席要配花色冷盘，外带若干围碟。

（3）汤品（汤）：1~2道精心熬制的汤，如鸡汤、鱼汤等。

（4）热菜：主要包括肉类、海鲜、蔬菜等，烹饪方式多样。热菜的数量灵活，可以是4~6道。

（5）主菜：通常指宴会中最具特色或最贵的菜品，一般有1~2道。

（6）主食：根据地域特色，主食可以是米饭、炒面、包子、饺子等。主食一般有1~2道。

（7）甜品：餐后甜点，如红豆沙、杨枝甘露等，通常为1~2道。

（8）水果拼盘：提供新鲜水果，作为宴会的结束。

（9）酒水：包括白酒、红酒、啤酒及软饮等。

中餐文化中，菜品总数量通常倾向于双数，菜品的具体数量和种类组合并没有统一的标准，而是根据宴会的规模、风格、地域文化、宾客喜好及预算等多种因素来确定。除了上述主要菜品，还可能有额外的特色小吃或点心。如一个普通的10道菜中餐宴会菜单可能包括2道冷菜、1道汤、4道热菜、1道主菜、1道主食、1道甜点。国宴菜品结构也是如此，如亚太经合组织第二十二次领导人非正式会议欢迎晚宴菜品包括冷盘、上汤响螺、翡翠龙虾、柠汁雪花牛、栗子菜心、北京烤鸭，之后是点心、水果、冰激凌等，如图4-2所示。

图4-2　国宴菜品

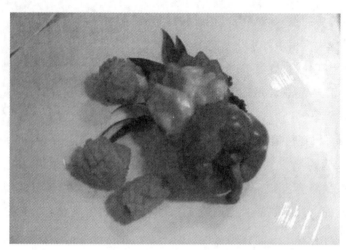

续图 4-2

2. 西餐宴会的菜品结构

传统西餐宴会的菜品结构比较复杂,菜品种类和数量比较多,现列举如下。

(1)迎宾酒:宴会开始前,提供开胃酒。

(2)冷前菜:如鹅肝酱、鱼子酱、烟熏鲑鱼、明虾、蔬菜等,小分量且味道鲜美,刺激食欲。

(3)汤品:包括清汤和浓汤,如奶油蘑菇汤、海鲜汤等。

(4)热前菜:通常是特色风味菜肴,如烤扇贝、焗田螺等,作为主菜前的铺垫,分量比开胃菜大,是正式的菜品。

(5)主菜:通常是肉类或海鲜,是宴会的核心部分,是最丰富、最精致、最能够体现厨师烹饪技艺的菜品。

(6)配菜:与主菜搭配的辅助性菜品,如蔬菜、谷物、奶酪、腌制品等,可以与主菜放在同一个盘子里(俄式服务)或在上主菜后单独上菜(法式服务),也可以放于大盘子里并放置在餐桌中央供所有宾客共享(家庭式服务)。

(7)甜品:如提拉米苏、芝士蛋糕等,在餐后食用。

(8)餐后小点心:提供小分量的甜点或巧克力,如松露巧克力、马卡龙、水果塔或软糖,让宾客在交流的同时,享受美味,从而延续宴会的愉悦氛围。

(9)咖啡或茶:餐后提供,供宾客聊天时享用。

(10)酒水:注重酒水与菜品的搭配。

现代社会西餐宴会通常有4~5道菜品,基本的框架包括前菜、汤、主菜(海鲜和/或肉菜)、甜品,再搭配红酒及餐后的咖啡或茶。

实际的宴会可能会根据需要增加或减少某些菜品。例如,一些较为正式或豪华的西餐宴会可能会增加更多的菜品,如额外的前菜、奶酪盘、多种甜品选项等。相反,较为随意或简短的宴会可能会减少菜品数量,专注于提供几道精心准备的菜品。此外,西餐宴会中的菜品数量和种类也可能受到餐饮趋势、地域特色和季节性食材的影响。

以法餐国宴菜品为例,传统法餐国宴必须有14道菜,随着"廉政建设"和"避免铺张浪费"理念的出现,如今简化为前菜、主菜、奶酪、甜品4道菜,举例如下。

(1) 前菜:罗斯科夫龙虾配有香芹、甜三叶草浓汁。

前菜示例如图4-3所示。

图4-3　前菜示例

(2) 主菜:砂锅炖鸡配有葡萄酒、鹅肝、锦鸡蚝、羊肚菌、豌豆和芦笋。

主菜示例如图4-4所示。

图4-4　主菜示例

(3) 奶酪拼盘:芒斯特奶酪、罗克福奶酪。

奶酪拼盘示例如图4-5所示。

图 4-5　奶酪拼盘示例

（4）甜点：草莓甜品配有脆冰马鞭草、酥脆蛋酥皮。甜点示例如图 4-6 所示。

图 4-6　甜点示例

二、宴会菜品命名

引导问题 5：宴会菜品命名的原则有哪些？

菜品名称是宴会策划者的创意体现，在宴会中起着画龙点睛的作用，它不仅激发宾客的好奇心和兴趣，还传递了菜品的风味和文化背景。这些通过精心构思的菜品名称能够提升宾客的用餐体验，促进交流。此外，这些富有创意的菜品名称还能美化菜单的整体呈现，提升宴会的整体档次，同时作为品牌形象的重要延伸，有助于塑造和传播品牌故事。菜品名称是厨师与宾客沟通的桥梁，为宴会增添记忆点，使每位宾客的用餐经历更加难忘。表4-1所示的是通用的宴会菜品命名原则。

表4-1 通用的宴会菜品命名原则

序号	命名类型	原则	示例
1	描述性命名	菜品名称应直接反映其主要食材、烹饪方法或口味特点	中餐："宫保鸡丁""清蒸鲈鱼" 西餐："Grilled Salmon""Beef Bourguignon"
2	寓意性命名	菜品名称蕴含吉祥、美好的象征意义	中餐："百年好合"（莲子百合）、"寿桃" 西餐："Wedding Cake""Longevity Noodles"
3	地域性命名	菜品名称体现其地域特色或来源地	中餐："四川麻婆豆腐""广东烧鹅" 西餐："Tuscan Beef""Coq au Vin"
4	创意性命名	通过创新和独特的命名方式吸引宾客	中餐："龙腾四海"（龙虾菜品） 西餐："Strawberry Symphony""Pasta Primavera"
5	简洁性命名	菜品名称应简洁明了，便于宾客记忆和点餐	中餐："糖醋排骨""蒜蓉生蚝" 西餐："Caesar Salad""Chocolate Eclair"
6	艺术性命名	菜品名称具有一定的艺术性和美感，能够激发宾客的想象	中餐："碧波游龙"（清蒸鱼）、"金玉满堂"（炒时蔬） 西餐："Mediterranean Dream""Sunrise Risotto"
7	传统性命名	尊重传统，使用历史悠久的菜品名称	中餐："东坡肉""佛跳墙" 西餐："Beef Wellington""Soufflé"
8	时效性命名	根据季节变化或节日特点，选择与时令相关的菜品名称	中餐："春笋炒腊肉""冬至饺子" 西餐："Summer Berry Tart""Easter Lamb"
9	个性化命名	根据宴会的主题或宾客的个人喜好，为菜品定制个性化的名称	中餐："迎宾八宝饭""贵宾燕窝" 西餐："Royal Feast""Chef's Signature Dish"
10	故事性命名	通过菜品名称讲述一个故事或历史背景，增加菜品的文化深度	中餐："西施豆腐""贵妃鸡" 西餐："Tale of Two Cities""Galileo's Gazpacho"

引导问题6：宴会菜品命名的方法有哪些？

宴会菜品的命名在中西餐中有着不同的侧重点和文化特色，因此中餐宴会与西餐宴会的菜品命名有明显的区别。

1. 中餐宴会菜品命名方法

中餐宴会的菜品命名要求紧扣宴会主题，应雅致得体、含义深刻。鉴于不同地区有着各异的饮食习惯和消费心理，菜名的设计需富有创意且巧妙构思，不可牵强附会、滥用辞藻。

（1）写实性命名方法：菜名如实反映原料构成和烹饪技法，通常结合烹饪方法、主料、辅料、调味方法及原料特性等元素来命名，使得菜名通俗易懂、直观明了，真正做到名副其实，如爆炒腰花（烹饪方法和主料）、香煎银鳕鱼（烹饪方法和主料）、鸡米海参（主料和辅料）、糖醋咕噜肉（调味方法和主料）。

（2）寓意性命名方法：根据宴会主题，抓住菜品的某一特色并加以渲染，赋予诗情画意，满足宾客的美好愿景，通常能够设计出富有意境的整套宴会菜品名称。菜名设计需要讲究文采，力求字数统一且耐人寻味。南方菜名擅长寓意，给宾客量身定制的体验，若寓意名未能直接体现食材，则可附上写实名。寓意性命名的具体方法举例如下。

① 文化内涵：中餐菜品的命名常常融入中国传统文化元素，如历史故事、诗词歌赋、哲学思想等，以此体现菜品的文化底蕴，如"东坡肉"借宋代文豪苏东坡之名，不仅让人联想到他豁达的人生态度，更在味蕾间传递着那份醇厚而不腻的美味。

② 吉祥寓意：宴会菜品的命名往往追求吉祥如意的寓意，如"福禄寿喜""金玉满堂"，这种命名方式在节日庆典或特殊场合尤为常见，以期带来好运和祝福。

③ 形象比喻：中餐菜品的命名善于运用形象的比喻和象征手法，如"碧波游龙"（清蒸鱼），这种命名方式增加了菜品的艺术性和想象空间。

④ 菜品功效：中餐菜品特别是闽菜和粤菜等比较讲究药食同源，菜品所能带来的养生功效也可直接作为寓意性名称，满足现代社会养生健康的用餐理念，提高宾客的用餐体验。

在2023年全国职业院校技能大赛高职组酒店服务赛项中，一件名为"杏林珍飨"的参赛作品脱颖而出（图4-7、表4-2）。该作品以药食同源和中医养生理念为核心，精心挑选中药材与食材巧妙搭配烹制的菜肴，并依据中医养生原理对菜名进行了富有创意的寓意设计。写实名直观展现了烹调方式和原材料，寓意性名称字数统一，不仅强调了菜品的药用价值，也给宾客提供了有针对性的饮食建议。这种命名方式体现了宴会策划者的文化内涵，精心设计的菜单有助于塑造宴会品牌形象，传递了对中华饮食文化的尊重与传承，更重要的是，它促进了宾客之间的交流，提升了宾客对餐食的关注度与兴趣。此外,这样的宴会体验还激发了宾客在社交媒体上分享与传播的意愿,进一步扩大了宴会的影响力与美誉度。

图4-7　2023年全国职业院校技能大赛高职组酒店服务赛项参赛作品"杏林珍飨"

表4-2　"杏林珍飨"菜单

菜品类别	寓意名	写实名
冷菜	利胆降压	石斛老醋海蜇花
	健胃行气	八角茴香煮毛豆
	养阴生津	百冬糯米灌莲藕
	清热解毒	薏米凉瓜石菜花
汤	补肾强身	千方灵芝老鸭汤
热菜	润肺补虚	银杏芦笋煎澳带
	明目益肝	石决明萝卜鲍鱼
	和胃益肾	党参枸杞蒸黄鱼
	补气养血	五指毛桃桂圆鸡
	益气固表	当归黄芪烩牛排
	补钙壮骨	紫苏孜然小河虾
	补血填精	熟地海参煲猪蹄
	消食活血	山楂牛肉菠萝盅
	清热除湿	艾叶草蜂窝豆腐
	淡斑抗衰	木耳蘑菇西蓝花
主食	养颜补脑	阿胶芝麻核桃糕

2023年全国职业院校技能大赛高职组酒店服务赛项参赛作品"丝路敦煌"如图4-8、表4-3所示。

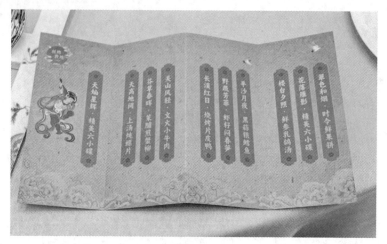

图4-8　2023年全国职业院校技能大赛高职组酒店服务赛项参赛作品"丝路敦煌"

表4-3　"丝路敦煌"菜单

寓意名	写实名
翠色和烟	时令鲜果拼
花落雁影	精美六小碟
楼台夕照	鲜参乳鸽汤
平沙月夜	黑蒜银鳕鱼
野蔬芳菲	虾籽(子)焖春笋
长漠红日	烧烤片皮鸭
关山风轻	文火小牛肉
芬草春晖	茉脯煎蟹柳
天高地阔	上汤炖螺片
天灿星辉	精美六小碟

2.西餐宴会菜品命名方法

西餐宴会菜品命名的逻辑与中餐宴会菜品命名相似，但倾向于使用更简洁、传统的名称。以下是西餐宴会菜品命名的原则。

(1)简洁明了：西餐菜品的命名倾向于简洁明了，便于国际宾客理解和记忆，如"Steak Tartare(生牛肉酱)""Ratatouille(蔬菜杂烩)"等，这种命名方式直接描述了菜品的主要内容和特点。

(2)法式影响：许多西餐菜品的命名受到法语的影响，尤其是在高端宴会中，如"Filet Mignon(菲力牛排)""Soufflé(蛋奶酥)"等,这种命名方式赋予菜品一种优雅和专业的感觉。

(3)创意与独特性:西餐宴会菜品的命名有时会富有创意,以突出菜品的独特性,如"Liquid Cheese Cake(液体芝士蛋糕)"等,这种命名方式激发宾客的好奇心,增加菜品的吸引力。

(4)食材与风味:菜品名称会明确指出特色食材或风味,如"Truffle Risotto(松露鸡汁意大利调味饭)""Lemon Herb Chicken(柠檬草药烤鸡)"等,这种命名方式帮助宾客了解菜品的食材、烹调方法、调味品,进而体会菜品的口味和风格。

(5)地域与国家标识:西餐菜品的命名也会体现其国家或地域特色,如"Italian Pesto(意大利香蒜酱)""Spanish Paella(西班牙海鲜饭)"等,通过地域命名,宾客可以感受到不同国家的饮食文化。

(6)节日与主题:在特殊节日或主题宴会中,菜品的命名会与节日或主题相呼应,如"Christmas Pudding(圣诞布丁)""Wedding Cake(婚礼蛋糕)"等。

三、数字化菜品设计应用

> **引导问题7:数字化如何助力菜品结构和菜名设计?**

1. 数字化助力菜品结构设计

(1)利用大数据:通过分析社交媒体、在线点评网站和餐饮相关应用程序的数据,了解当前流行的菜品、口味趋势和顾客偏好。

(2)顾客反馈:通过在线调查、顾客评论和智能点餐系统收集顾客对菜品的反馈,据此增加高价值、受欢迎的菜品,剔除低价值、不受欢迎的菜品,并持续更新性价比高、能吸引顾客的热门菜品。

2. 智能化的菜名设计

(1)个性化命名:利用人工智能和机器学习技术,根据顾客的口味和偏好及要求生成个性化的菜名,强化宴会菜单的内在联系与形式上的和谐统一。

(2)互动体验:通过智能点餐系统或互动程序,让顾客参与到菜名的创作中来,提供定制化的命名建议。

案例:

ChatGPT引领智能餐饮:普通食材创新菜谱

在传统的菜单生成过程中,厨师和餐饮业者主要依赖个人经验和审美来设计菜品。然而,通过使用ChatGPT,我们可以将普通食材与高级AI技术相结合,打破这一局限。

首先，ChatGPT可以根据食客的口味和餐饮需求，从海量菜谱中自动筛选出合适的候选菜谱。此外，借助ChatGPT强大的文本生成能力，我们可以实现自动化菜单生成，为厨师提供无限的创新灵感。

除了自动化菜单生成，ChatGPT还能用于菜品的优化与改进。通过分析食客对菜品的反馈和评价，ChatGPT可以深度挖掘数据中的隐藏信息，为厨师提供有针对性的建议。例如，ChatGPT可以分析食客对某种食材的喜好程度，为厨师提供含有该食材的菜品创意。同样，ChatGPT可以通过对菜品的营养成分进行分析，为厨师提供更健康的菜单选项。

当然，要实现这一目标，我们需要构建一个庞大的数据库，其中包含各种食材、菜谱和餐饮需求的信息。这些信息可以通过多种渠道获取，例如从专业的餐饮指南、食评网站，甚至社交媒体上收集。收集到足够的数据后，我们可以通过ChatGPT对这些信息进行处理和分析，从而为食客和厨师提供更贴心、个性化的服务。

对于厨师而言，通过ChatGPT强大的文本生成能力，可以轻松获得源源不断的创新灵感。在制作菜单时，厨师可以借助ChatGPT的分析和建议，调整食材配比、改进烹饪工艺，甚至设计出全新的菜品，这样不仅显著减轻了厨师的工作负担，还赋予了他们更多的时间与精力，专注于提升菜品的口感与品质。

引导问题8：如何设计国际特色和地方特点相结合的菜品结构和名称？

在此次任务情境中，设计宴会菜单的关键在于充分结合宾客群体的高文化素养与社会层次特征，同时巧妙融合国际化与本土元素，旨在促进国际交流。因此，在食材搭配与烹饪方式上，可以鲜明地体现中西融合的理念。表4-4所示的是以杭州夏秋季节为背景，以杭州旅游美景作为设计灵感的宴会菜单示例。

表4-4 "杭州味道：中西融合的味觉交响诗"宴会菜单

菜品类型	寓意名	写实名	菜品特点
冷菜	西湖春晓	鱼子酱莼菜冷汤	以西湖莼菜为基底，结合西式冷汤做法，点缀以鱼子酱，清新而高贵
	钱塘潮涌	柠檬黄油香煎带鱼	选用带鱼，以西式香煎手法，搭配柠檬黄油，呈现钱塘江潮的澎湃

续表

菜品类型	寓意名	写实名	菜品特点
汤	龙井问茶	龙井茶香海鲜清汤	将龙井茶融入海鲜清汤之中,采用西式清汤的烹饪技艺,实现了茶香与海鲜风味的完美交融
热菜	雷峰夕照	黑椒汁烤西湖醋鱼	传统西湖醋鱼结合西式烤制手法,配以黑椒汁,增添国际化口味
热菜	曲园风荷	黑松露莲藕夹	莲藕夹中填入中式馅料,佐以黑松露酱,西式调味与中式食材结合
热菜	宝石流霞	红酒烩杭州酱鸭	杭州酱鸭以红酒烩制,西式烩菜手法让鸭肉更加酥软入味
热菜	灵隐禅意	香煎豆腐佐素炒时蔬	以西式香煎手法处理豆腐,搭配时令蔬菜,体现素食的清新与禅意
主菜	断桥残雪	梅菜雪花牛肉卷	高档雪花牛肉卷入杭州梅菜,西式卷制手法,寓意断桥上的残雪
主菜	平湖秋月	香草黄油蒸大闸蟹	清蒸大闸蟹,搭配香草黄油,西式蒸制手法,平添秋日风情
甜品	三潭印月	桂花糖藕配椰奶冰激凌	传统桂花糖藕,搭配西式椰奶冰激凌,中西甜品完美结合
甜品	柳浪闻莺	绿茶提拉米苏	龙井绿茶融入意式提拉米苏,创新传统甜品
饮品	西溪探梅	梅花香拿铁或茶	以梅花香调味的拿铁或茶,西式饮品中带有杭州特色

任务呈现

1. 为国际文化交流宴会设计完善、合理、科学的宴会菜品结构和名称,并上传至在线学习平台。

2. 描述国际文化交流宴会菜品和名称设计的原则和方法。

任务评价

工作任务评价表

任务评价内容	分数					
	优	良	中	可	差	劣
	20	16	12	8	4	0
1.掌握宴会菜品结构设计原则						
2.能设计合理的中、西餐菜品结构						
3.掌握宴会菜品命名方法						
4.能为中餐宴会菜品设计寓意性命名						
5.能为中西结合宴会设计菜品和命名						
总分						
等级						

A＝90分及以上；B＝80～89分；C＝70～79分；D＝60～69分；E＝60分以下

学习态度评价表

学习态度评价项目	分数					
	优	良	中	可	差	劣
	10	8	6	4	2	0
1.言行得体,服装整洁,容貌端庄						
2.准时上课和下课,不迟到、早退						
3.遵守秩序,不吵闹喧哗						
4.阅读讲义及参考资料						
5.遵循教师的指导进行学习						
6.上课认真、专心						
7.爱惜教材、教具及设备						
8.有疑问时主动寻求协助						
9.能主动融入小组合作和探讨						
10.能主动使用数字平台工具						
总分						
等级						

A＝90分及以上；B＝80～89分；C＝70～79分；D＝60～69分；E＝60分以下

项目四　主题宴会菜单设计

任务总结

目标总结：宴会菜品是影响客人用餐体验的关键因素之一，要掌握宴会菜品设计的原则，掌握菜品命名的方法，掌握中西宴会文化交融下的菜品设计原则，并将这些原则成功应用于实际菜品设计中。

收获与体验：_____
_____
_____

任务二　主题宴会菜单设计

任务情境

宴会策划团队已经做好了宴会菜品设计，包括菜品结构和命名，下一步需要设计一套与之相匹配的菜单。菜单不仅是一种展示菜品的载体，更是传递文化和审美的媒介。请你们将已经设计好的宴会菜品呈现在菜单上。

任务要求

通过这个任务情境，参与者将能够深入理解宴会菜单设计的全过程，从菜单构思到平面设计，每一步都需要考虑文化融合和宾客体验。这不仅是一个创意和设计的过程，也是一个文化交流和团队协作的实践。以下是具体内容、要求和目标。

具体内容、要求及目标

内容	要求	目标
宴会菜单设计	素材与主题相一致	知识目标：掌握不同宴会菜单的素材选择要求 能力目标：能选择符合宴会主题的菜单素材 素质目标：培养跨文化审美能力
宴会菜单平面制作	美观与精致相一致	知识目标：掌握菜单平面设计原则 能力目标：能运用软件设计出精美的宴会菜单 素质目标：培养对细节的关注度

宴会设计与运营管理

学生分组表

班级		组名		组长		指导老师	
组员	学号		姓名		任务		汇报轮转顺序
备注							

任务实施计划

资料搜集整理	
任务实施计划	

 知识学习

一、宴会菜单设计

引导问题1：什么是宴会菜单？

宴会菜单是一份列出了在特定宴会或餐饮活动中提供的所有食品和饮料项目的清单，通常包括前菜、汤、主菜、甜点及各种饮品。宴会菜单的设计不仅反映了宴会的主题和风格，还体现了主办方的品位和对宾客的关怀。

（1）狭义的菜单：英文名"menu"，源于法文，有"细微"之意。它指的是在宴会或点餐时提供的详细菜肴清单，有时也用作账单。在有些餐馆中，菜单亦被称为食谱。菜单是餐厅重要的商品目录，通常以书面形式呈现，供就餐宾客从中选择。一份完整的菜单应包括食物名称、种类、价格、烹调方法、图片展示及相关介绍等。

（2）广义的菜单：广义的菜单是餐饮产品和服务的宣传品，是餐饮经营过程中的重要指导原则，也是餐饮企业与宾客之间信息交流的工具。

引导问题2：宴会菜单的功能是什么？

（1）信息传达：向宾客清晰地介绍可供选择的菜品和饮品，包括食材、口味和可能的过敏信息。

（2）体现主题：通过菜品的选择和命名，展现宴会的主题，如节日庆典、文化特色或季节变化等。

（3）营销工具：通过吸引人的菜品描述和高质量的图片，增加宾客的食欲和对宴会的期待。

（4）管理工具：对于主办方和厨房团队来说，菜单是一个重要的管理工具，有助于控制成本、管理库存和协调生产。

引导问题3：宴会菜单有哪些展现形式？

在选定展现形式前，需明确宴会菜单和零点菜单的区别（表4-5）。

表4-5 宴会菜单和零点菜单的区别

特点	宴会菜单	零点菜单
使用场合	大型宴会活动，如婚礼、公司年会等	日常餐厅服务

续表

特点	宴会菜单	零点菜单
菜品数量	有限,每道菜分量较大	丰富,宾客可自由选择
菜品结构	固定,包括前菜、主菜、甜品等	有分类但无固定结构,宾客自由组合
价格和计费方式	固定,按人头或整桌计费,可能含服务费	按所点菜品单独计费,价格灵活
菜品定制性	需符合宴会主题,具有定制性	宾客根据口味选择,餐厅根据季节调整
服务流程	更正式和有序,按宴会节奏上菜	相对简单,宾客随时点餐
设计和呈现	高质量纸张和印刷,可能含插图或装饰	注重实用性和易读性,使宾客快速浏览和选择
数字化应用	提前以数字化形式发送或通过现场电子屏幕展示	数字化菜单应用广泛,可通过电子设备或手机应用

与零点菜单相比,宴会菜单通常有两种展示形式:一种是固定的宴会套餐,这类菜单使用周期长,拥有固定的档次、价位和菜式,便于宾客快速做出选择;另一种是根据宾客要求进行定制,这类菜单的内容和形式丰富多样,同时也有更大的设计空间。例如,"满汉全席"常用仿清式红木架嵌入大理石材质的菜单,"红楼梦"主题宴席常用仿古诏书式菜单,商务宴请常用简洁高雅的卡片式印刷菜单,满月宴采用玩具形式的菜单,"一带一路"主题宴席使用丝绸印制或扇面印制菜单,中西融合宴席采用油画架式菜单等。无论使用何种展现形式,不论采用何种展示形式,菜品及菜名都是展示的主体,视觉效果需要与文化内涵相融合。

图4-9至图4-13所示的是广州白天鹅宾馆展览室中收藏的许多历史上带有传奇色彩的宴会菜单,这些菜单既有深厚的文化内涵,又在形式上展示了宴会策划者的巧思。

图 4-9　广东经济发展国际咨询会席珍

（资料来源：白天鹅宾馆展览室拍摄）

图 4-10　千禧套餐席珍

（资料来源：白天鹅宾馆展览室拍摄）

图 4-11　白天鹅宾馆 20 周年纪念套餐席珍

（资料来源：白天鹅宾馆展览室拍摄）

图4-12　泛珠三角区域合作与发展论坛晚宴席珍

（资料来源：白天鹅宾馆展览室拍摄）

图4-13　上海良设夜宴餐厅使用全息投影展示宴席布置及菜单

引导问题4：如何为主题宴会菜单设计选择素材？

主题宴会菜单设计素材的选择应考虑以下几个方面。

1. 菜单风格

菜单的设计风格应与宴会主题、宴会设计风格及宴会规格档次等保持一致，如高端宴会可能选择更为精致且正式的设计素材。

2. 菜单图案

为了吸引顾客注意并激发他们的食欲，选用高质量、清晰且色彩鲜艳的菜品图片至关重要，其中菜品摆盘的精美呈现尤为关键。此外，菜单上的其他装饰性图案和花纹也应与宴会主题相契合，比如中式宴会可选用兰花、茉莉花等图案，而西餐宴会则可选择玫瑰花、洋甘菊等图案。

3. 菜单文字

除了菜品名称,简短的描述可以帮助顾客了解菜品的特色和主要成分,特别对于有特殊饮食需求或偏好的顾客。菜单上的文字字体应与宴会主题相协调,例如,古典中式宴会可选用"文道新雅黑"等字体;文字的大小应根据菜单的整体规格来设定,遵循黄金比例原则来设置不同文字的大小;文字的颜色则通常以黑色为主。

4. 菜单色彩

色彩不仅能增强视觉效果,还能影响顾客的情绪,应选择与宴会主题和菜品特色相匹配的色彩方案。关于色彩搭配的详细论述可参见项目二相关内容。

5. 菜单推广

菜单作为酒店品牌与顾客之间沟通的桥梁,在传统面对面服务场景中扮演着重要角色。而在数字化时代,新型菜单则需具备在虚拟空间中拓展推广功能的能力。为此,菜单页面上应融入多种素材,如二维码,顾客只需要扫描二维码,就可以访问关于酒店品牌、餐厅、菜品、活动、产品及会员服务等丰富的可视化信息。

6. 菜单材质

与数字化菜单相比,传统的实物菜单更能给顾客带来真实的体验感。实物菜单的材质丰富多样,包括纸张、木头、丝绸、陶瓷、玻璃、大理石、玉石及紫砂等。设计师需要根据不同的宴会主题和氛围,精心挑选最为适宜的材质,以营造出最佳的视觉效果和触感体验。

二、宴会菜单平面制作

> 引导问题5:在菜单设计中应该遵循哪些版面设计原则?

清晰的布局和易于阅读的排版对于菜单设计至关重要。菜单上每个项目都应清晰可辨,避免拥挤或混乱。设计时应考虑以下几个主要方面。

(1)亲密性原则:将相关的内容元素组织在一起,形成一个视觉单元,通过适当的间距与其他内容分隔开来,帮助观众更容易理解信息的结构和逻辑关系。例如,将同一段落的文本、相关图表和图片放在一起,能让观众更容易把握信息的组织和逻辑关系。

(2)对齐原则:将元素按照某种对齐方式(如左对齐、右对齐、居中对齐等)进行排列,有助于营造整洁、有序的视觉效果。对齐可以增强版面的秩序感,提高可读性。

(3)重复原则:重复使用相同的视觉元素(如字体、颜色、形状等),通过重复可以确保视觉风格的连贯性和统一性。重复使用相同的元素可以强化品牌形象,增强视觉冲击力。

(4)对比原则:通过改变元素的视觉属性(如大小、颜色、字体等)来强调它们之间的差异,从而吸引观众的注意力。对比可以用于突出重要信息或强调特定元素,使画面更加生动和有层次感。

引导问题6:如何使用软件制作宴会菜单?

应用传统图片编辑软件Adobe Photoshop,以及简化的设计工具Canva、美图、通义万相、Midjourney等设计菜单,可以提高设计效率和美观性。对于非设计专业的学生来说,可以使用一些有菜单模板的软件,如Canva等。下面以Canva为例演示菜单设计的简单过程。

(1)进入Canva在线软件界面,点击"开始设计"按钮,进入设计界面。

(2)选择界面左侧设计模板中的菜单模板。

(3)选择与宴会主题色相一致的菜单模板,如"中式传统婚宴"。

(4)在菜单模板上直接更改菜名、调整字体类型和大小,也可以替换图案花纹。

引导问题7:在数字时代和智慧餐饮的理念下,如何快速设计一份符合主题的菜单?

下面以"杭州味道:中西融合的味觉交响诗"宴会菜单为例进行介绍。在设计过程中,可以使用各大互联网巨头推出的人工智能工具,如百度智能云、豆包AI等。图4-14是豆包AI设计的"点彩水墨画"中式风格的菜单背景图,可以根据主题宴会内涵及菜单平面设计的知识和技巧对图片进行修改,修改过程也由AI根据设计者的需求自动完成。

图4-14 豆包设计的"点彩水墨画"中式风格的菜单背景图

AI作为设计的辅助工具具有强大的功能,但主导者仍然是宴会设计者,使用AI设计时,还需要把握以下要点。

(1)视觉吸引力:使用高质量的图像,确保菜单视觉上吸引人。

(2)互动元素:加入二维码或其他互动元素,顾客扫描后可以了解更多菜品信息,如制作过程、食材来源等。

(3)纹饰图案:根据主题宴会的文化氛围选择传统的中式纹饰,或以杭州的风景简笔画等装饰元素。

(4)媒体适用性:设计菜单时,需确保其便于在社交媒体上分享,同时考虑提供多语种版本以促进国际交流。此外,要充分考虑数字菜单在不同移动终端上的适配性,以提升顾客的参与度,并增加宴会的曝光率。

1.为国际文化交流宴会设计一份菜单,并上传至在线学习平台。

2.描述设计菜单时使用了哪些工具,如何灵活应用AI工具,以及其设计的素材和原则是什么。

工作任务评价表

任务评价内容	分数					
	优	良	中	可	差	劣
	25	20	15	10	5	0
1.掌握主题宴会菜单素材						
2.掌握平面设计基本原则						
3.能为主题宴会菜单选择合适的素材						
4.能使用软件设计一份精美的主题宴会菜单						
总分						
等级						

A=90分及以上;B=80~89分;C=70~79分;D=60~69分;E=60分以下

学习态度评价表

学习态度评价项目	分数					
	优	良	中	可	差	劣
	10	8	6	4	2	0
1.言行得体,服装整洁,容貌端庄						
2.准时上课和下课,不迟到、早退						
3.遵守秩序,不吵闹喧哗						
4.阅读讲义及参考资料						
5.遵循教师的指导进行学习						
6.上课认真、专心						
7.爱惜教材、教具及设备						
8.有疑问时主动寻求协助						
9.能主动融入小组合作和探讨						
10.能主动使用数字平台工具						
总分						
等级						

A＝90分及以上;B＝80～89分;C＝70～79分;D＝60～69分;E＝60分以下

任务总结

目标总结:将菜品设计转化为具体的菜单平面设计,这是一个涉及视觉艺术、技术和跨文化交流的综合性任务。要了解菜单的基本概念、功能作用,掌握菜单设计元素的选择内容,掌握平面设计基本原则在菜单设计中的应用,理解软件及AI技术在主题宴会菜单设计中的应用及注意事项,最终能够设计一份符合主题内涵、精致美观的主题宴会菜单。

收获与体验:_____

项目四
彩图

项目五
主题宴会活动设计

任务一 主题宴会服务设计

任务情境

亚运会即将开始,本酒店属于运动员及裁判的接待单位之一,餐饮部总监要求服务团队制定不同的服务流程。请你的团队根据宴会预订函和顾客需求,在3日内完成本次接待的规范化的中、西餐主题宴会服务流程,以及特色化的宴会服务方式。

任务要求

通过本任务,明确主题宴会服务设计的内容、要求及目标,以满足顾客标准化和个性化需求,具体如下。

具体内容、要求及目标

内容	要求	目标
服务流程设计	不能遗漏流程中的环节	知识目标:掌握中、西餐宴会服务流程 能力目标:能根据顾客需要设计宴会服务流程 素质目标:具备跨文化餐饮服务意识
宴会特色服务方式	要根据顾客需求,突出主题特色	知识目标:理解宴会特色服务方式 能力目标:能为特色宴会设计特色服务方式 素质目标:具备开拓创新的服务意识

任务实施

学生分组表

班级		组名		组长		指导老师	
组员	学号		姓名		任务		汇报轮转顺序
备注							

任务实施计划

资料搜集整理	
任务实施计划	

一、宴会服务流程设计

引导问题1：什么是酒店服务流程？

酒店服务流程是顾客享受到的、酒店在各个步骤和环节上为顾客所提供的一系列服务的总和。

引导问题2：中餐宴会的服务流程是怎样的？

中餐宴会服务可分为开餐前服务、宴会中就餐服务、宴会结束服务3个步骤、15个环节，如图5-1所示。

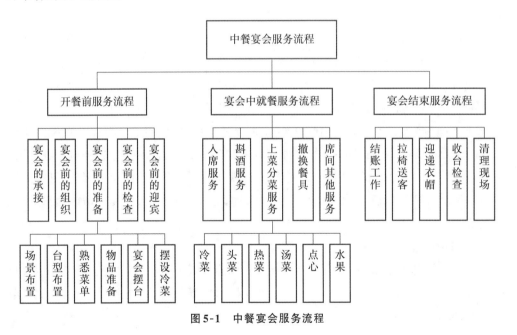

图5-1 中餐宴会服务流程

1. 开餐前服务

宴会开餐前需要做好准备工作，包括组织准备、宴前准备、餐前检查、迎宾服务等。

1) 组织准备

宴会开餐前，根据与顾客确认的需求设计宴会通知单、人员分工表、培训计划表、培训资料等，将这些文件及时下发给餐饮部、工程部、财务部等相关部门。

宴会经理需严格按照计划进行培训，并要求宴会服务团队做到"八知""三了解"。

"八知"是知台数、知人数、知宴会标准、知开餐时间、知菜式品种及出菜顺序、知主办单位或房号、知结账方式、知邀请对象。"三了解"是了解宾客风俗习惯、了解宾客生活忌讳、了解宾客特殊需要。对于外籍宾客,还需额外了解其国籍、宗教、信仰、禁忌和口味偏好等。对于规格较高的宴会,还应掌握下列信息:宴会的目的和性质,宴会的正式名称,宾客的年龄和性别,有无席次表、座位卡,有无音乐或文艺表演,有无主办的指示、要求、想法等。

2) 宴前准备

(1) 场地准备。中国美食向来讲究用餐环境的氛围和情调,因而在场景布置方面,应根据已经设计好的宴会场景及台型的2D、3D设计图进行场地布置。

(2) 熟悉菜单。服务员应熟悉宴会菜单,能准确描述每道菜的风味特色,并能准确描述其配菜与佐料,为上菜、派菜及回答宾客关于菜品的询问做好充分准备。同时,服务员还需掌握每道菜点的服务流程,确保为宾客提供精准的服务。

(3) 物品准备。宴会设计者需列出本次宴会所需的场地装饰物品、用餐桌椅、餐具、服务桌椅及服务用具等详细清单,并安排专人负责按照清单准备所有物品,确保无遗漏。

(4) 摆台准备。宴会开始前0.5~1小时,根据宴会台面设计3D图,在副主位的桌边,面向宴会厅入口摆放席次卡,并在每个餐位的水杯前放置席卡,菜单则置于正副主位餐碟的右侧。同时,准备好茶、饮料、香巾,摆放好调味品,将各类开餐用具放置在规定位置,保持厅内整洁、美观。

(5) 摆设冷盘。大型宴会需在开始前30分钟摆设冷盘,而中小型宴会则需提前15分钟。摆设冷盘时,需根据菜点的品种和数量,注重色调的搭配、荤素的平衡及味型的协调,同时关注菜型的正反、刀口的逆顺及菜盘间的距离等。精美的摆台不仅能为宾客提供一个舒适的就餐环境,还能给宾客赏心悦目的艺术享受,为宴会增添隆重、欢快的气氛。

3) 餐前检查

准备工作基本结束后,宴会经理应该做一次全面检查,检查内容包括环境卫生、场地布置、台面摆设、酒水调料、餐具卫生、服务员的仪表仪容、空调照明系统、音像视频设备等,确保宴会的顺利进行。

4) 迎宾服务

(1) 热情迎宾。根据宴会的入场时间,宴会经理和引座员提前在宴会厅门口迎候宾客。宾客到达时,热情迎接,微笑问好。随后,协助宾客脱下衣帽,并引导他们至休息间就座,稍作休息。在与宾客交流及引领过程中,务必使用敬语,做到态度和蔼、语气亲切。

(2) 接挂衣帽。如宴会规模较小,可不设专门的衣帽间,只在宴会厅门前放衣帽架,安排服务员协助宾客宽衣并妥善接挂衣帽。如宴会规模较大,则需设衣帽间存放衣帽。在接挂衣物时,服务员应轻轻握住衣领,避免倒提衣物,以防衣袋内物品滑落,贵重衣物应使用衣架悬挂,以防衣物变形。对于重要宾客的衣物,服务员需凭借记忆提供精准服务,贵重物品请宾客自己保管。

(3)端茶递巾。宾客进入休息厅后,服务员应主动招呼其入座,并根据接待要求,递上香巾、热茶或酒水饮料。递巾送茶服务均应遵循先宾客后主人、先女士后男士的礼仪顺序进行。

2. 宴会中就餐服务

1)入席服务

服务员在开宴前5分钟斟好预备酒(一般是红葡萄酒),然后站在各自服务的席台旁等候宾客入席。当宾客抵达席前,服务员要面带笑容,引领入座。在协助宾客入座时,需用双手及右脚尖轻轻将椅子后撤,再缓缓向前轻推,确保宾客能够安稳舒适地坐下。引领宾客入座时,应遵循先宾客后主人、先女士后男士的礼仪次序。

待宾客坐定后,服务员需及时将台号、席位卡收走,以免妨碍宾客用餐。将菜单放在主人面前,然后为宾客取餐巾,将餐巾摊开后为宾客放置好,脱去筷套,斟倒酒水。

2)酒水服务

在进行酒水服务时,服务员应首先礼貌地征求宾客的意见,根据宾客的需求为其斟倒酒水,并适时地将宾客面前不再使用的酒杯撤走。

斟酒时,应从主宾开始,然后服务主人,接着按照顺时针方向依次进行。若配备有两名服务员,则一名服务员从主宾开始斟酒,另一名服务员则从副主宾开始,按照顺时针方向进行。

服务员站在宾客右后方,右脚侧身上前一步,右手持瓶,左手持口布,酒标朝客人,瓶口距离杯口1~2厘米,白酒斟至8分满,红酒斟1/2杯。

宴会进行过程中,如遇宾主致辞祝酒,服务员应提前斟好酒水,尤其应注意主宾和主人的酒杯,当杯中酒水少于1/3时应及时添加。宾主致辞祝酒时,服务员应暂停一切活动,呈服务姿态肃立一旁,以示尊重。

此外,服务员在席间应勤于巡视,细心观察宾客的举止,及时斟补酒水。当需要更换酒水时,服务员应同时更换酒具,以确保酒水服务的专业水准和宾客的用餐体验。

3)上菜/分菜服务

当冷菜用了1/3时及时通知厨房起菜,厨房出菜时需在菜盘上加盖,既确保菜品卫生,又保持菜品出锅时的温度。宴会的上菜顺序应从主桌开始,跑菜员要服从指挥,划区服务,做到行动统一,避免出现早上、迟上、多上或少上的情况。

服务员正确选择上菜位置,通常站在与主人成90°角的宾客之间进行操作。每上一道新菜要介绍菜名和风味特点,并置于主宾面前,对于鸡、鸭、鱼等整体或椭圆形的大菜盘,在摆放时将头的一边朝向主人,讲究"鸡不献头、鸭不献掌、鱼不献脊"。

上新菜前，服务员需撤掉空盘，若盘中还有剩余菜品，应礼貌地征询宾客是否需要添加或改用小盘盛装。上菜前，应在桌上放置公勺或公筷，并清晰地报出菜名。若遇到招牌菜或特色菜，应向宾客详细介绍菜肴的风味、营养价值、历史典故及正确的食用方法。

如需分菜，则先上菜肴供宾客观赏，然后再进行分菜。分菜时需胆大心细，准确掌握菜品的分量、件数，确保分派均匀。凡配有佐料的菜，在分派时要先蘸（夹）上佐料再分到餐碟里，分菜的次序同样遵循先宾客后主人、先女士后男士。

4）撤换餐具

为显示宴会服务的高品质，突出菜肴的名贵与独特风味，在宴会进行过程中，需要多次撤换餐具。重要宴会要求每道菜换一次餐碟，一般宴会的换碟次数不得少于3次。

通常在遇到下述情况时，就应更换餐碟。

（1）在上翅、羹或汤之前，先为宾客提供一套小汤碗。待宾客享用完毕后，送上毛巾，并收回小汤碗，同时换上干净的餐碟。

（2）宾客吃完带骨、带壳或芡汁较多的食物后，应及时更换餐碟。

（3）上甜菜、甜品之前应更换所有餐碟和小面碗。

（4）上水果之前，换上干净餐碟和水果刀叉。

（5）残渣骨刺较多(超过餐碟的1/3)的餐碟，要及时更换。

（6）若宾客不慎将餐具跌落在地，应立即更换。

撤换餐碟时，要待宾客将碟中食物吃完方可进行，如宾客放下筷子而菜未吃完，应征得同意后才能撤换。撤换时要边撤边换，撤与换交替进行。同时，按照先主宾、后其他宾客的顺序进行撤换，服务员应站在宾客的右侧进行操作。

5）其他服务

在宴会服务过程中，服务员要勤巡视、勤斟酒、勤换烟灰缸，细心观察客人表情及示意动作，及时为客人提供其所需要的、合理的服务。

3. 宴会结束服务

1）结账服务

餐厅服务员应熟练掌握餐厅的多种结账方式和操作流程。餐厅结账方式主要有现金结账、签单结账、手机/银行卡结账等。

（1）现金结账。

• 当顾客示意结账时，服务员应迅速到收银台核对账单并确认签字，取来顾客的账单，将账单放在收银夹中递送给顾客。

• 递送账单时，服务员应身体略微向前倾斜，双手打开收银夹，说："先生／女士，这是您的账单，请过目。"如果顾客要求服务员报出账单总额，服务员才能轻声报出账单总额。

- 如果顾客对账单有疑问时,服务员要耐心解释。
- 顾客支付现金后,服务员应当面清点并验证真伪,随后迅速将现金送至收银台,由收银员进行收账和找零。
- 服务员将找零和票据回呈给顾客,提醒顾客当面点清并礼貌致谢。

（2）签单结账。
- 顾客示意结账时,服务员应迅速到收银台取账单,放在收银盘内将其递给顾客。
- 服务员询问顾客单位、姓氏,服务员核对该顾客是否有签单权限。
- 如顾客属签单客户,则顾客签完单后,服务员应向顾客致谢,然后迅速将签过字的账单递交收银台。
- 如顾客不属签单客户,服务员则请顾客稍作等待,并立即向上级领导请示。
- 签单时餐厅不开发票,在财务收款时统一开具发票。
- 顾客签单时,服务员提醒顾客签上单位、姓名、联系电话。

（3）银行卡/手机结账。
- 当顾客示意结账时,服务员应迅速将账单递送给顾客。
- 确认顾客的信用卡是否为餐厅受理范围,查验信用卡的有效期、持卡人姓名、性别及身份证,并向客人致谢。
- 由服务员将信用卡、身份证和账单送交收银台再次核对信用卡的有效期、持卡人的姓名和性别、身份证,一切无问题后填上信用卡签单金额。经刷卡后交服务员再拿回请顾客进行账单签名,经服务员核对顾客的签名与卡上的签字无误后,才可把信用卡与签单三联交给顾客。
- 如发现签名有疑问,可与授权中心取得联系,进一步查询身份证相片与持卡人相貌是否相符,之后将卡交还持卡人。
- 如果使用手机支付,提供二维码让顾客扫描支付,确认支付成功即可。
- 询问顾客是否需要免费停车券或者在宴会厅门口提供免费停车二维码供客人扫描,再次向顾客表示感谢。

2）拉椅送客

主人宣布宴会结束,服务员要提醒宾客带齐随身物品。当宾客起身离座时,应主动为其拉开座椅,并视具体情况目送或随送宾客至餐厅门口。如宴会后安排休息,要根据接待要求进行餐后服务。

3）取递衣帽

宾客出餐厅时,衣帽间的服务员要根据宾客的取衣牌号码,迅速且准确地找到并递送衣帽给宾客,并在此过程中再次提醒宾客关于酒店提供的免费停车服务。

4）收台检查

在宾客离席的同时,服务员需仔细检查台面上及下方,确认是否有未熄灭的烟头及宾客可能遗留的物品。待宾客全部离开后,服务员应立即着手清理台面。同时,对于所有贵重餐具，服务员需当场进行清点。

5）清理现场

各类开餐用具要按规定位置复位，重新摆放整齐。开餐现场也需要重新布置，恢复原样，以备下次使用。收尾工作做完后，领班需要进行检查，确保所有项目均符合要求后，员工方可离开岗位或下班。

引导问题3：西餐宴会服务流程是怎样的？

西餐宴会服务流程和中餐类似，也分为3个步骤、15个环节，由于西餐是分餐制用餐形式，与中餐的共餐制不同，所以，在上菜和酒水服务的一些细节上有所区别。这里将重点阐述西餐与中餐服务的不同环节。

1. 开餐前服务

（1）组织准备。

（2）宴前准备。

① 物品准备。

• 酒水准备：根据宴会菜单的要求，确保各类酒水饮料的种类和数量准备充足；根据酒水的适宜饮用温度提前进行相应处理，如红葡萄酒通常在常温下饮用，而白葡萄酒和香槟酒则需冰镇；如果宴会开始前安排有餐前酒会，需提前备足酒水，并准备好调制鸡尾酒所需的材料。

• 餐前食物准备：宴会开始前10分钟，将开胃品摆放在餐桌上，通常是每人一份，也可以将开胃品集中摆放在餐车上，宾客抵达后由宾客自选或者由服务员分发；宴会开始前5分钟，服务员将面包、果酱放入面包篮摆上餐桌，同时将黄油置于黄油碟中。

② 摆台准备。

• 根据出席宴会的人数、菜肴的安排等要求准备相应的餐具、酒具、服务用具。

• 按西餐宴会摆台要求进行台面布置：先铺放台布，然后依次摆放餐具、酒具，并在适当位置放置鲜花、烛台等装饰物品，以美化台面。

（3）餐前检查。

（4）迎宾服务。

① 热情迎宾。根据宴会开始时间，宴会厅主管及迎宾员应提前在宴会厅入口迎候宾客。值台服务员在自己负责的区域做好服务准备。宾客抵达时，要热情迎接，微笑问候。

② 接挂衣帽。帮助客人存挂衣帽并及时将寄存卡递送给客人。

③ 鸡尾酒服务。西式宴会可以在开餐前半小时举办餐前鸡尾酒会。宾客陆续到来，可进入宴会休息室稍作休息，由服务员送上餐前鸡尾酒及多种软饮料请客人选用。

2.宴会中就餐服务

(1)入席服务。

开席前5分钟,宴会负责人应主动询问主人是否可以开席,取得同意后通知厨房准备上菜,同时引领宾客入席并拉椅协助宾客入座。宾客入席后,帮助宾客铺放餐巾。西式宴会服务程序遵循"先宾后主、女士优先"的原则。

(2)酒水服务。

宾客入席后,服务员主动为宾客提供酒水服务。介绍饮品时,服务员应充分考虑宾客的国籍、民族、性别等因素,尊重并满足他们的饮食习惯。为确保服务的准确性,服务员应详细记录每位宾客所点的酒水,避免后续服务中出现差错。

斟酒时,服务员应按照"先宾后主、女士优先"的原则。服务员使用右手从宾客右侧按顺时针方向进行服务。倒酒(不同的酒须使用不同的酒杯)时,酒瓶商标须面向宾客,瓶口不与杯口接触,以保持卫生并避免发出声响。每完成一次倒酒,服务员应轻轻将酒瓶按顺时针方向旋转,防止瓶口的酒滴落在桌面上。

(3)上菜/分菜服务。

上菜方式需根据宴会主办方的具体要求来确定,西餐中的上菜方式多样,包括美式服务、俄式服务、法式服务及英式服务等,其中较为常用的是美式服务。在现代美式服务中,服务员会站在宾客的右侧服务空间,采用右上右下的方式,依次为每位宾客上菜。

对于采用分餐制的宴会,服务上讲究的是吃一道、撤一道、再上一道的流程。服务员每上一道菜应该告知宾客菜品名称,并让宾客慢用,讲究服务礼仪。

如需分菜,服务员应先上菜肴供宾客观赏,随后再进行分菜。在分派过程中,服务员需准确掌握每道菜的分量和件数,确保每位宾客都能得到均匀分配。此外,分菜的次序也需遵循"先宾后主、女士优先"的原则。

(4)撤换餐具。

西餐用餐过程中,讲究吃一道、撤一道,吃什么食物配什么餐具,在下一道菜品上桌前,服务员会预先为宾客摆放好适配的餐具。若菜品中有带壳食物或者需要用手接触的食物,服务员应为宾客提供装有柠檬片的洗手盅或香巾。撤换餐碟、餐具的时机通常为宾客平行放置刀叉时。遵循"先宾后主、女士优先"的原则,站立于宾客右侧,有序地进行先撤后换的操作。

(5)其他服务。

① 咖啡服务:服务咖啡或茶水前,服务员摆放好糖罐与奶罐,以供客人自由调配口味。

② 雪茄服务:为抽雪茄宾客提供烟缸。

③ 餐后酒服务:当服务员完成咖啡服务后,酒水员会将酒车推至宾客桌前,酒标朝向宾客,建议宾客品尝甜酒。

3. 宴会结束服务

（1）结账服务。

（2）送客服务。

（3）取递衣帽。

（4）收台检查。

在宾客离席的同时，服务员需仔细检查台面上及下方，确认是否有未熄灭的烟头及宾客可能遗留的物品。在宾客全部离去后立即清理台面，并按先餐巾、香巾和银器，后酒水杯、瓷器、刀叉的顺序分类收拾，同时，对于所有贵重餐具，服务员需当场进行清点。

（5）清理现场。

引导问题4：特色宴会服务流程是什么？

除了正式的西餐宴会，自助餐与鸡尾酒会等源自西方的特色非正式用餐形式，在当今社会中被广泛应用，常见于企业商务宴请活动及个人日常生活中，为人们提供了多样化的餐饮选择。

1. 自助餐

自助餐是一种比较自由的餐饮方式，就餐者可以自由选择、任意搭配，按照自己的口味和需求进行取菜，不受菜单限制。作为国际上通行的非正式宴会形式，自助餐在大型商务活动中尤为常见，提供包括冷菜、热菜、点心、甜品、水果及饮料等在内的数百种丰富选择。自助餐具有用餐标准明确、人均消费固定、客人用餐随意等特点。

自助餐示例如图5-2所示。

图5-2　自助餐示例

(1)餐前准备。

① 检查各自负责区域的卫生与备品是否充足。

② 检查餐前所需各类器皿,包括布菲炉、大汤勺、垫盘、夹子、小汤勺、燃料(酒精)或者电源、刀叉、筷子等是否完备。

③ 布菲炉里加入1/4的导热水,并将各种菜牌并放在相应的菜品前。

④ 吧台人员准备充足的酒水及配料,同时确认所有用具清洁无污。

⑤ 传菜部需备齐餐前所需物料及用品。

⑥ 服务员检查好个人备品和服务用品是否充足。

⑦ 开餐前5分钟所有出品都要摆放整齐。

⑧ 迎宾员提前15分钟到岗,检查仪容仪表,在指定位置保持良好的站姿,迎接宾客。

(2)餐中服务。

① 宾客自行取餐,服务员提供必要的辅助服务。若餐品(如冷菜、热菜、主食等)不足,服务员需迅速通知厨房加餐。

② 餐台工作人员随时保持餐台、地面及布菲炉的清洁卫生。

③ 服务员在服务过程中需遵循"三轻四勤"原则,即走路轻、说话轻、操作轻,以及眼勤、嘴勤、手勤、腿勤。同时,保持台面及地面整洁。

④ 在服务工作中,协助VIP客人取餐并做到及时周到的服务。

(3)餐后服务。

① 收台前准备。

• 询问宾客是否还有取餐的需要。

• 服务员需在撤台前五分钟关闭电源,以防触电事故。

② 宾客离开时,服务员应提醒宾客带好随身物品,并致以欢送语。

③ 撤台时,需将玻璃器皿、大小餐具分开搬运,食品回收后直接交予厨房处理。

④ 及时将餐台复位,领班需进行收档检查,确认无误后方可关门离场。

2. 鸡尾酒会

鸡尾酒会是一种起源于美国、流行于国际的非正式或半正式的社交性集会。鸡尾酒会通常在"鸡尾酒时间"(傍晚到夜晚之间)举行,主要供应酒类饮料,尤其是鸡尾酒,酒会的食品主要是小吃和甜品。通常,筹备鸡尾酒会仅需准备甜食盘、甜食叉和各种酒杯等。

鸡尾酒会示例如图5-3所示。

图 5-3 鸡尾酒会示例

(1) 餐前准备。

① 场地准备。根据酒会预订要求,在酒会开始前 45 分钟布置好所需的酒水台、小吃台。准备好酒会所需的酒水饮料及配料、辅料。准备好与酒水配套的各式酒具,确保完整干净。此外,还需合理安排员工分工,确保各项准备工作顺利进行。

② 迎接客人。酒会开始时,引位员站在门口迎接宾客,向宾客问好,对宾客的光临表示欢迎;服务员、酒水员在规定的位置站好,迎接宾客并问好。

(2) 酒会服务。

① 服务酒水。酒会开始后,服务员要随时、主动地为宾客服务酒水。递送酒水时,应使用托盘。

② 服务小吃。酒会中,大多数宾客会持杯交谈,所以需要服务员需适时用托盘运送小吃至宾客面前,供宾客品尝。

③ 清点人数。主管应在门口迎候宾客的同时,留意并清点入场人数,以便更好地安排后续服务。

④ 清理卫生。随时清理酒会桌上的餐具与垃圾,及时更换烟缸,并补充纸巾、牙签

等用品,保持食品台的整洁与美观。

⑤ 添加物品。确保酒会中客人的饮料与食品充足,随时添加餐具及食品,满足宾客需求。

(3) 结束收尾。

① 收台前准备。询问宾客是否还有取拿食物的需要。

② 宾客离开时,服务员应提示宾客带好随身物品,并致以欢送语。

③ 撤台时,需将玻璃器皿、大小餐具分开搬运,食品回收后直接交予厨房处理。

④ 及时将餐台复位,领班做好收档检查后方可关门离场。

二、宴会特色服务方式

引导问题5:餐饮服务中有哪些特色的服务方式?

服务方式是指服务的具体形式或方法。服务方法是一整套具体的服务操作过程,不仅有中餐传统的共餐式服务方法,也有西餐中的分餐式服务方法,尤其是法式、俄式及美式等各具特色的服务方式。此外,服务的具体形式是一种有形的展示,这种展示由服务员表现出来,包括服务过程中的服务动作、服务员的仪容仪态等,这些元素同样可以精心设计,以展现出独特的风格和亮点。

1. 西餐中的服务方式

(1) 法式宴会服务。

法式宴会服务起源于欧洲贵族和王室,通常用于高档西式宴会场合。法式宴会通常采用桌边烹饪形式,每道菜的最后加工步骤在宾客的餐桌旁边完成,既能让宾客品尝到精致美食,又能欣赏到优雅的服务表演。法式宴会服务具有豪华和个性化的特征,宾客进餐节奏缓慢,对服务员的专业性要求较高。

在法式宴会中,一般每桌配有首席服务员和助理服务员。首席服务员主要负责点菜、桌边烹饪、台面服务和结账;助理服务员主要负责传菜、上菜、撤换餐具,以及协助首席服务员。此外,还有专门的酒水服务员,按照酒水服务流程,逐一为宾客提供酒水服务。

(2) 俄式宴会服务。

俄式宴会服务起源于沙俄宫廷贵族,现已成为许多高档西式宴会中较为流行的服务形式,因此也称为国际式服务。俄式宴会服务通常采用大盘服务形式,服务员用左手托起精美的大型银质餐盘,将在厨房已烹制完毕的菜点端送到宾客餐桌上,再进行分菜、派菜服务。分菜时,服务员应站在宾客左边,遵循"先宾后主、女士优先"的原则,依次为宾客分派菜点。在进行斟酒、上饮料、撤换餐盘等服务时,服务员应站在宾客右边操作。

（3）美式宴会服务。

美式宴会服务起源于美国餐厅，适用于普通宴会或中档西式宴会。服务员将在厨房内烹制并分盘完毕后的菜点直接端送到餐桌，供宾客食用。因为服务员不需要提供分菜、派菜服务，因此可同时为多人提供服务。传统美式服务在左侧上菜、右侧上酒水饮品，现代美式服务则更为灵活，菜品可于右侧上桌并撤离。

2. 服务提供者的特色

服务提供者的仪容仪态、装束妆容等也可以设计成与宴会主题贴合的风格，使他们自身成为宴会上的一道亮丽风景，使宾客赏心悦目。

1. 能够为亚运会主题宴会设计基本的服务流程及特色服务方式，并将成果上传至在线学习平台。

2. 阐述你所设计的服务流程及特色服务的原理。

工作任务评价表

任务评价内容	分数					
	优	良	中	可	差	劣
	25	20	15	10	5	0
1.中餐主题宴会服务流程设计完整						
2.西餐主题宴会服务流程设计完整						
3.根据顾客需求设计个性化服务方式						
4.掌握宴会的"八知""三了解"						
总分						
等级						

A＝90分及以上；B＝80～89分；C＝70～79分；D＝60～69分；E＝60分以下

学习态度评价表

学习态度评价项目	分数					
	优	良	中	可	差	劣
	10	8	6	4	2	0
1.言行得体,服装整洁,容貌端庄						
2.准时上课和下课,不迟到、早退						
3.遵守秩序,不吵闹喧哗						
4.阅读讲义及参考资料						
5.遵循教师的指导进行学习						
6.上课认真、专心						
7.爱惜教材、教具及设备						
8.有疑问时主动寻求协助						
9.能主动融入小组合作和探讨						
10.能主动使用数字平台工具						
总分						
等级						

A＝90分及以上；B＝80～89分；C＝70～79分；D＝60～69分；E＝60分以下

任务总结

目标总结：宴会服务水平是体现酒店服务质量的重要因素,要掌握酒店中餐宴会服务流程、西餐宴会服务流程、自助餐及鸡尾酒会等特色宴会服务流程,要懂得餐饮的特色服务方式,能根据顾客需求为主题宴会设计特色服务。

收获与体验:_____

_____

_____

任务二　主题宴会娱乐活动设计

任务情境

根据这次大型国际宴会接待要求,餐饮部需要一套能体现当地文化特色又富有创新性的娱乐活动设计方案,请你的团队设计这次宴会娱乐活动方案。

任务要求

通过本任务,了解宴会娱乐活动的构成,并学会如何设计宴会娱乐活动,具体如下。

具体内容、要求及目标

内容	要求	目标
宴会娱乐活动构成	构成元素多样	知识目标:了解宴会娱乐活动构成内容 能力目标:能够准确判断哪些活动适合作为宴会娱乐活动 素质目标:提升娱乐精神
宴会娱乐活动设计	围绕宴会主题	知识目标:掌握宴会娱乐活动设计思路 能力目标:能根据客人需求设计宴会娱乐活动 素质目标:具备开拓创新的意识

任务实施

学生分组表

班级		组名		组长		指导老师	
组员	学号		姓名		任务		汇报轮转顺序
备注							

任务实施计划

资料搜集整理	
任务实施计划	

一、宴会娱乐活动构成

引导问题1：什么是宴会娱乐活动构成？

随着经济水平的不断提高，人们参加宴会的目的已不再局限于单纯的美食体验，而是更多地追求心灵的放松和精神层面的愉悦。将娱乐与餐饮相结合，不仅能提升宴会的成功度，还能有效增强酒店的知名度，为酒店创造经济效益。

宴会娱乐活动构成是指在宴会过程中，为了增添氛围、提供娱乐和互动环节而设计的一系列活动（如表演等），旨在让参与者在享受美食的同时，也能感受到愉悦和放松。宴会娱乐活动构成的元素多样，可以根据宴会的主题、规模及参与者的喜好进行定制。

二、宴会娱乐活动设计

引导问题2：如何设计宴会娱乐活动？

一场成功的主题宴会离不开精心策划的娱乐活动，确保参与者能够充分沉浸于宴会氛围，并留下深刻印象。宴会娱乐活动的设计要围绕宴会主题，融入主题所蕴含的历史文化内涵，结合地域特色，以精彩美妙、高雅的活动形式，深刻触动参与者的感官体验。

1. 视觉活动设计

（1）自然风景观赏：如山水风景、花草虫鸟等。

（2）人文景观观赏：如建筑艺术、绘画艺术、物质文化遗产等。

（3）艺术表演观赏：如舞蹈、魔术、杂技等。

2. 听觉活动设计

（1）传统戏剧表演：如京剧、川剧、粤剧、豫剧、沪剧、黄梅戏、秦腔、昆曲等。

（2）经典音乐演奏：如钢琴、小提琴、古筝、二胡、琵琶、笛子等乐器的演奏。

（3）其他剧目表演：如快板、评书、相声等。

3. 味觉活动设计

（1）品鉴传统美食：如中国各地的特色小吃，以及西餐中的特色甜品和奶酪等。

(2)品鉴特色美酒：如红酒、洋酒、白酒、黄酒、啤酒等。

4.触觉活动设计

(1)制作传统手工艺：宴会参与者体验制作工艺品，如刺绣、木雕、剪纸等。

(2)体验传统表演活动：宴会参与者体验传统表演活动，如川剧变脸、木偶戏等。

以下案例展示了如何通过以国家级文化遗产的呈现方式举办国际性宴会，旨在弘扬国家悠久的历史文化，促进文化交流，增进国际友谊。

案例：

杭州亚运会欢迎宴娱乐活动

杭州第19届亚运会开幕式当天，浙江省杭州市西子宾馆精心准备了一场国际贵宾欢迎宴会，让很多国际友人通过美食记住了杭州。

酒店工作人员表示，来华出席开幕式的国际贵宾抵达宾馆湖畔漪园码头，由执莲童子相迎共同步入漪园，漪园长廊悬挂着"仙居花灯"，水榭亭台上演着越剧《梁祝》名段曲目。

在欢迎宴会前，漪园吧内为国际贵宾安排了东阳木雕、王星记扇、杭州刺绣、传统手工制茶、宋代点茶、十竹斋木版水印、浙派古琴七项非遗技艺互动展示。

引导问题3：什么时候适合开展宴会娱乐活动？

宴会娱乐活动的开展节点主要取决于宴会的目的、参与人员及宴会的形式。以下是常见的娱乐活动开展节点及安排。

(1)宴会开始前：为了营造轻松愉快的氛围并缓解宾客的紧张情绪，可以安排一些轻松的互动环节，如猜谜语等小游戏，让宾客在等待入席的过程中享受乐趣。

(2)用餐过程中：在宾客的用餐过程中穿插娱乐活动，如表演、舞蹈等，可以调节用餐时的气氛，增加宾客的参与感和乐趣。这些活动可以是即兴的，也可以是预先安排好的节目，旨在让宾客在品尝美食的同时，又能在视觉和听觉上获得愉悦。

(3)宴会高潮部分：如庆祝特定节日或纪念日时，可安排与宴会主题紧密相关的特别活动，如主题表演等，以增加宴会的趣味性和记忆点，强化主题氛围，使宾客留下深刻印象。

(4)宴会结束时：为帮助宾客放松心情并愉快地结束宴会，可安排轻松愉快的节目，如柔和的音乐表演或简单的舞蹈，这样的安排能提升宾客的整体满意度，并为下次聚会留下美好回忆。

综上所述，宴会娱乐活动的开展节点应根据宴会的具体安排和宾客的实际需求灵活调整，确保活动能够顺利进行，提高宾客的满意度。

任务呈现

1. 为亚运会设计精彩的娱乐活动,并上传至在线学习平台。

2. 说明你为亚运会设计某种娱乐活动及其设计节点的原因。

任务评价

工作任务评价表

任务评价内容	分数					
	优	良	中	可	差	劣
	20	16	12	8	4	0
1.掌握宴会娱乐活动的构成						
2.能按顾客需求设计娱乐活动						
3.能合理设计娱乐活动节点						
4.设计的娱乐活动具有创新性						
5.设计的娱乐活动与主题的契合						
总分						
等级						

A=90分及以上;B=80~89分;C=70~79分;D=60~69分;E=60分以下

学习态度评价表

学习态度评价项目	分数					
	优	良	中	可	差	劣
	10	8	6	4	2	0
1.言行得体,服装整洁,容貌端庄						
2.准时上课和下课,不迟到、早退						
3.遵守秩序,不吵闹喧哗						
4.阅读讲义及参考资料						
5.遵循教师的指导进行学习						

续表

学习态度评价项目	分数					
	优	良	中	可	差	劣
	10	8	6	4	2	0
6.上课认真、专心						
7.爱惜教材、教具及设备						
8.有疑问时主动寻求协助						
9.能主动融入小组合作和探讨						
10.能主动使用数字平台工具						
总分						
等级						

A＝90分及以上；B＝80～89分；C＝70～79分；D＝60～69分；E＝60分以下

任务总结

目标总结：宴会娱乐活动构成的元素复杂多样，可以根据宴会的主题、规模和参与者的喜好进行定制，主要围绕人的视觉、听觉、嗅觉、味觉、触觉来规划宴会娱乐活动。主题宴会娱乐活动设计要围绕宴会主题，融入主题所蕴含的历史文化内涵，结合地域特色，以精彩美妙、高雅的活动形式，深刻触动参与者的感官体验。合理的宴会娱乐活动设计节点将提高宴会的体验感和顾客的满意度。

收获与体验：_____

_____

项目五
彩图

项目六 主题宴会策划设计

任务一 主题宴会方案设计

任务情境

酒店收到一份来自某公司的尾牙宴会订单,该公司希望酒店能根据他们的需求提供宴会接待服务。为确保宴会顺利进行并取得预期效果,宴会部经理安排你与客户对接,并根据客户需求制定一份主题宴会策划方案。

任务要求

通过本任务,明确宴会策划方案结构、宴会策划方案版面的设计,以便为宴会的具体实施环节提供实践指导,具体如下。

具体内容、要求及目标

内容	要求	目标
宴会策划方案结构	结构完整、内容翔实	知识目标:掌握宴会策划方案撰写结构 能力目标:能够撰写一份结构完整的宴会策划方案 素质目标:具有全局统筹意识
宴会策划方案版面	视觉上要整洁、精美	知识目标:掌握宴会策划方案版面设计的要求 能力目标:能编排美观、整洁的版面 素质目标:提升视觉审美能力

任务实施

学生分组表

班级		组名		组长		指导老师	
组员	学号		姓名		任务		汇报轮转顺序
备注							

任务实施计划

资料搜集整理	
任务实施计划	

 知识学习

一、宴会策划方案结构设计

引导问题1：什么是主题宴会策划方案？

为了确保工作或活动的有序进行，我们常常需要预先制定方案，主题宴会亦是如此，一份完整的主题宴会策划方案，是确保宴会顺利进行的重要指导。主题宴会策划方案是酒店接受宴会预订后，根据宴会的人数、要求、标准等制定的各项具体行动方案，旨在高效地指导实践行动。

引导问题2：主题宴会策划方案的结构是什么？

在顾客需求调查与分析的基础上，宴会策划方案主要包括宴会主题内涵及命名、宴会承办时间、宴会承办地点、宴会场景设计、宴会台面设计、菜单与菜品设计、宴会服务流程设计、宴会物品设计、宴会成本预算、宴会突发事件预案等方面。其中，宴会场景设计、宴会台面设计、菜单与菜品设计等要附上2D或3D图，并进行解释与说明；宴会服务流程设计、宴会物品设计以图表形式展示并进行解释说明；宴会成本预算以表格形式展现各类物品的成本细节，并在此基础上进行总成本估算及定价；宴会突发事件预案要根据宴会的参加对象、宴会活动、举办地的天气和环境等多种因素来设计。

二、宴会策划方案版面设计

引用问题3：什么是版面设计？

版面设计又称为版式设计，是平面设计中的一大分支，主要指运用造型要素及形式原理，对版面内的文字字体、图像图形、线条、表格、色块等要素，按照一定的要求进行编排，通过视觉艺术的手段，将这些元素艺术化地展现出来，同时确保编排的结果能够让观者直观地感受到所要传达的信息或意义。

引用问题4：如何做好主题宴会策划方案的版面设计？

在设计主题宴会策划方案版面时，首先要以宴会策划方案构成及内容为框架，再根据客户的实际需求，打造一份内容详尽、细致入微的实践指导方案。其具体要求如下：

1. 页面框架设置

页面框架本质上是文字、图形、色彩等设计语言的巧妙排列与组合。一般而言,页面数量控制在5~8页,确保文字表述清晰,章节划分条理清晰,便于阅读和理解。

2. 页面图纹设计

版面离不开背景的衬托,背景图案需紧密贴合宴会主题的文化内涵与元素,同时设置适当的透明度,避免过于抢眼而掩盖了主题内容。版面边缘或内部可用主题纹路适度点缀,少量即可。

3. 创造画面聚焦点

组合运用点、线、面等基本设计元素,以点聚焦、以线引导,形成动静感,以面丰富层次和视觉效果。

4. 页面信息分级

页面信息分为一级信息(画面焦点)、二级信息(画面的次要部分)、三级信息(画面的点缀部分)。多个页面的排版中,采用连续统一的设计手法,保持相近的版式,仅在数字、色彩、图形等元素上进行适当变化。

5. 图表的插入设计

在版面中适当插入图片、数据表格等元素,要求这些元素画面清晰、代表性强、数据准确。同时,为图表添加必要的标注。

图6-1所示为编者自主设计的主题宴会策划方案版面。

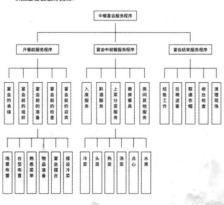

图6-1 主题宴会策划方案(节选)

1. 按照宴会设计的步骤完成一份尾牙宴的策划方案,并上传至在线学习平台。

2. 自查策划方案的版面设计存在的问题。

工作任务评价表

任务评价内容	分数					
	优	良	中	可	差	劣
	25	20	15	10	5	0
1.掌握宴会策划方案撰写结构						
2.能撰写一份结构完整的宴会策划方案						
3.掌握宴会策划方案版面设计的要求						
4.能为策划方案设计精美的版式						
总分						
等级						

A=90分及以上;B=80~89分;C=70~79分;D=60~69分;E=60分以下

学习态度评价表

学习态度评价项目	分数					
	优	良	中	可	差	劣
	10	8	6	4	2	0
1.言行得体、服装整洁、容貌端庄						
2.准时上课和下课,不迟到、早退						
3.遵守秩序,不吵闹喧哗						
4.阅读讲义及参考资料						
5.遵循教师的指导进行学习						
6.上课认真、专心						
7.爱惜教材、教具及设备						

续表

学习态度评价项目	分数					
	优	良	中	可	差	劣
	10	8	6	4	2	0
8.有疑问时主动寻求协助						
9.能主动融入小组合作和探讨						
10.能主动使用数字平台工具						
总分						
等级						
A=90分及以上;B=80~89分;C=70~79分;D=60~69分;E=60分以下						

任务总结

目标总结:通过调研分析顾客需求,掌握主题宴会策划方案的结构,完成一份翔实的实施方案;掌握版面设计要求,完成一份整洁、精美的主题宴会方案版面设计,提升全局意识和艺术审美素养。

收获与体验:_____

_____

_____

项目七 主题宴会运营与管理

任务一 主题宴会运营

任务情境

营销部经理在会上要求运营团队在3个月内完成酒店不同主题宴会的运营推广及销售任务。请你的团队根据运营工作要求,及时完成任务分工,做好产品运营、内容运营、用户运营、活动运营等工作。

任务要求

通过本任务,明确主题宴会运营工作的内容、要求及目标,为主题宴会在线下的顺利开展宣传造势,具体如下。

具体内容、要求及目标

内容	要求	目标
产品运营	减少产品与顾客之间的摩擦	知识目标:理解产品运营的定义和内容 能力目标:能通过数据分析助力宴会产品优化 素质目标:强化顾客至上的理念
内容运营	创造有价值的信息,提升用户对产品和品牌的关注度	知识目标:理解内容运营的定义和载体 能力目标:能创造对宴会用户有价值的信息 素质目标:洞悉顾客价值追求
用户运营	最大限度地实现用户留存和价值转化	知识目标:理解用户运营的定义和核心 能力目标:能应用AARRR模型实现宴会用户转化 素质目标:具备共情心理

续表

内容	要求	目标
活动运营	紧紧围绕实现企业目标开展	知识目标:理解活动运营的定义及流程 能力目标:能为宴会举办一场精彩的运营活动 素质目标:具有创新意识

任务实施

学生分组表

班级		组名		组长		指导老师	
组员	学号		姓名		任务		汇报轮转顺序
备注							

任务实施计划

资料搜集整理	
任务实施计划	

知识学习

一、产品运营

引导问题1：什么是产品运营？

产品运营是指通过运用多样化的运营策略，如内容建设、用户关系维护及活动策划等手段，来更有效地建立用户与产品之间的联系。从事产品运营的人员需要具备用户关系维护能力和数据分析能力。

引导问题2：在产品生命周期的每个阶段，产品运营如何有效开展？

产品生命周期理论由美国经济学家弗农(1966)提出。产品生命周期指产品的市场寿命，即一个新产品从开始进入市场到被市场淘汰的整个过程。如何在这一周期的每个阶段有效运营产品，以充分发挥其最大价值，显得尤为重要。

1. 产品研发期

产品研发期，即产品上线前，这一阶段先要弄清楚目标客户和产品的定位。

2. 产品种子期

产品种子期，即产品内测期，这一阶段的主要目的在于搜集客户行为数据和相关的问题反馈，与产品策划团队共同分析讨论，以便进行产品优化。

3. 产品成长期

产品成长期，即产品爆发期，这一阶段更多是通过活动策划来带动产品的爆发。

4. 产品成熟期

产品成熟期，即产品稳定后，这一阶段更重要的是产品版本的迭代更新，产品运营人员需要承担起产品策划与客户之间的桥梁作用。

5. 产品衰退期

在这个阶段，客户的流失速度加快，用户活跃度显著下降，对营收的贡献也急剧减少。同时，企业给予该产品的技术支持逐渐减少，新产品开始推出。

引导问题3：宴会产品如何运营？

按照产品生命周期的运营理念，开展宴会产品运营时，我们需要思考并回答几个问题：宴会目标客户群体有哪些？产品定位是什么？宴会线上、线下推广渠道有哪些？

这些渠道如何获得顾客需求数据？如何分析数据？如何与不同渠道的客户建立并维护关系？

在宴会产品开发之前，企业通常需要先调研消费群体需求，并根据需求特点来划分消费群体；根据企业的经营理念、定位和生产能力，选定消费群体，之后，企业进行产品定位和产品开发工作。例如，杭州柏悦酒店作为一家五星级酒店，注重当地文化在酒店中的融入，有强大的菜品研发团队和管家式服务团队，这些因素共同决定了杭州柏悦酒店能够开发出满足高端市场需求、精致且奢华的宴会产品。

宴会产品试运行有在线推广和低价试用两种方式，由此获得消费者反馈。在当今互联网与新媒体蓬勃发展的时代，在线推广更能降低成本。但是作为体验型产品，完全在线推广是行不通的，需要线上、线下相结合的方式。宴会场景设计中的视觉与听觉元素可通过短视频形式在在线平台上展示，借助评论、点赞及转发等数据收集反馈；而菜品设计中的味觉与嗅觉体验则需通过线下品鉴会等实际体验活动来获取真实反馈，也可以将宴会创新菜品融入零点菜单中，经过一段时间的沉淀，根据消费者意见，不断改进提升。

为了维持并提升宴会产品试运行阶段积累的热度，进一步完善后的产品可以通过精心策划的活动将其影响力推向高潮。宴会活动推广可以线上、线下同时进行。线上通常选择微信、抖音、小红书、微博等社交媒体平台，以及官方网站、各大旅游预订平台和生活服务平台等第三方渠道进行广泛宣传；线下可以通过参加行业的展览会（如婚博会等）、与店铺（如婚戒饰品商店、新娘礼服合作商等）合作、酒店门店展示、与其他知名品牌合作、参加各类行业活动等方式进行推广。

随着市场竞争日益激烈，宴会策划活动也需要足够的创新和吸引力。全球知名酒店的宴会策划活动为我们提供了宝贵的借鉴。例如，墨西哥东海岸的里维埃拉玛雅优尼科 20°N 87°W 酒店策划的"婚礼策划研讨会"活动，吸引即将结婚的新人在策划婚礼策划初期就接触酒店的宴会产品；迈阿密洲际酒店的"许愿晚会"通过精心设计晚餐、酒水派对、现场演出及主题场景布置等，充分体现酒店承办宴会的创新理念和独特设计能力；安徽的华山徽宴酒店在旅游旺季推出"徽府文化宴"，让游客自己动手制作徽州名点，提供徽州地方戏表演，在旅游淡季推出安徽传统"杀猪宴"，融合年夜饭和当地春节文化习俗，大大提升了华山徽宴酒店的品牌知名度。

消费者的需求千变万化，当下流行的宴会场景风格很快就会被模仿，产品运营者能够随时了解消费者需求对于改善宴会产品、延长产品生命周期尤其重要。了解消费者需求的渠道仍然包括线上和线下两种。收集线上平台的点评文本信息，整理、分析、总结产品改进的关键点。例如，在对北京宫廷宴的评论中，有消费者反映"前排人多，尘土和衣物纤维易落入食物中"，以及"装修风格与预期不符，沉浸感不足"等问题。对于这些反馈，运营者需迅速响应，及时回复，以体现对消费者的尊重或解决其不满。对于已建立私域流量的餐饮企业，运营者可以获得消费者内心更加真实和深入的反馈信息，从而更加精准地改进宴会产品。维护私域流量的关键在于提供高质量的内容、定期进行回访和及时唤醒用户，同时注重用户体验和服务品质。

注意，当宴会产品改进的成本远远超过重新设计新产品的成本时，运营者就可以放弃这款产品了。

二、内容运营

引导问题4：什么是内容运营？

内容运营是一种专注于利用新媒体的多种形式（如文字、图片、视频、音频等）来推广品牌或产品，并向用户传递有价值信息的运营方式。它涉及内容的创建、发布及传播，旨在吸引用户的参与、分享和传播，以提升品牌知名度和用户对产品的关注度，以此来实现网络运营的目标。

引导问题5：什么是有价值的内容？

有价值的内容具有以下特点。
（1）创造新鲜体验，激发用户的好奇心。
（2）引发情感共鸣，增强用户黏性。
（3）提供高质量的资讯，满足快节奏、碎片化阅读人群的需求。
（4）呈现令人认同的价值观，获得用户认同，增强其黏性。

引导问题6：如何向用户传递有价值的内容？

内容运营的载体包括文字、图片、视频、音频等多种类型，在向用户传递有价值信息的过程中，它们有着各自的优势。运营者需要根据平台用户阅览的偏好习惯，应用其中的一种或者几种方式。

1. 文字

发布有价值、有趣味性、与用户切身利益密切相关、拥有独特见解的文案往往能够获得用户的喜爱和关注。优质的文案通常具有以下特点。

（1）主题合理布局、内容比例优化。

运营者所推送的主题内容不仅要紧跟时事热点和社会舆论，还需构建合理的主题布局，以新颖的视角吸引用户。撰写内容时，不应仅局限于产品介绍和品牌宣传，而应深入考虑用户的心理和情感需求。

（2）善用表现手法、呈现优质内容。

多向用户传递精耕细作的原创性与专业性内容；借助平台的分类推广技术向不同的目标用户传播差异化的内容；创造热点事件推送快速响应机制，随时借助热点事件提升品牌的影响力和知名度。

（3）提高写作技巧，吸引用户注意。

撰写具有感染力的文案，需确保信息表达规范完整、内容定位精准且表述简洁明了，同时配以生动形象的图片，突出主题和创意。内容能让用户有意愿阅读的前提是引人注意的文案标题，标题的表现形式包括直接展示型、文字暗示型、提问思考型、目标导向型等，有效的标题具有体现急迫感、创造独特性、内容明确性、给受众益处四个特点。

（4）提高推送技巧、让广告容易接受。

内容运营中的广告营销必不可少，高明的做法应该能让广告变得更有趣且容易被用户接受。在内容中出现的广告要明确标识，尊重用户；内容中的有价值信息要多，推广信息量要少，以免喧宾夺主；根据不同平台广告的推送形式，可以选择视频、漫画等形式，增强趣味性。

2. 图片

与文案相比，新媒体图片能够更加生动形象地向用户表达主题，在海量的互联网信息时代，图片更能够快速吸引用户的注意力。新媒体图片主要包括封面图、九宫格图、信息长图、icon图标等。

（1）封面图是吸引用户点击的关键，需要简洁明了地突出文章主题，并使用吸引人的视觉元素。

封面图通常使用与文章主题相关的图片，然后，配以简短的标题或引语。其制作技巧如下：使用高质量（清晰度高、像素密度大）的图片，调整其大小和比例（适当留白）以突出重点内容，使用适当的字体（清晰易读、空隙足够、主题风格相符）和颜色（与主题相符，暖色调表达温暖、活力，冷色调表达冷静、严肃，同色更加协调，对比色更具有视觉冲击力），在不遮挡图片的位置添加需要用户特别关注的信息，整体排版（对称、层次、平衡）达到视觉平衡。

（2）九宫格图是一种常见的排版方式，适合展示一系列相关的图片或信息。

在设计时，需确保每个格子在视觉上保持平衡与和谐，可以通过采用不同的视觉元素和布局手法来区分各个格子。其制作技巧如下：使用工具（如Canva）创建九宫格，在每个格子中放置与主题相关的图像或元素，确保每个格子的内容都有意义且相互关联，确保每个格子的颜色和布局协调一致，在九宫格图片中添加文字和注释，以提供更多信息和解释，确保文字和注释清晰可见，注意调整格子之间的间距和边距，保持整体的美观和统一。

（3）信息长图适合展示大量信息或数据，以及复杂的流程或概念。

设计时需保持清晰易读的布局，使用图表、插图和文字说明等元素来解释信息。其制作技巧如下：选择合适的配色方案和字体，确保图表和插图与文字的协调；使用适当的标签和注释,帮助用户理解信息。在关键位置添加引导语或提示,引导用户浏览长图。

(4) icon图标应简洁明了,易于识别。

设计时需选择与主题相关的形状和图案,并保持一致的风格。可以考虑使用几何形状、自然元素或抽象图形等元素来创造独特的icon图标。其制作技巧如下:使用矢量绘图软件(如Adobe Illustrator)创建icon图标,确保其可以在不同尺寸下清晰显示。选择适当的颜色和线条粗细,使其在各种背景和场景中都能突出显示。

3. 视频

相较于图片,融合了图像、文字、声音等多种传播元素的视频内容可信度更高,冲击力和感染性更强,借助直播、弹幕互动及连线交流等功能,视频能够最大限度地保证信息传播的真实和高效。短视频创作者需要在有限的时间和画面空间内,准确吸引观众的注意力,以有趣、新颖、真实的方式吸引观众。

创意构思是短视频内容创作的起点。好的创意是吸引观众的关键,它可以是一个有趣的故事、一种新颖的观点、一个搞笑的场景,或者一首动听的音乐。创作者要关注当前的热点话题和受众的偏好,通过观察、思考和灵感的碰撞激发创意,进一步筛选和开发。

剧本编写是短视频内容创作的核心环节。剧本是短视频的蓝图,它包括故事情节、人物设定、对话对白等元素。在进行剧本编写时,创作者需要考虑时间限制和受众的接受程度。短视频的时长通常在几十秒到几分钟之间,因此剧情要简洁明了,情节要紧凑有趣,对话要简洁生动。视频结构可以参考"黄金3秒开头(展示矛盾点),搭配2~5个爆点和令人回味的结尾(互动式、共鸣式和反转式)"的形式。此外,创作者还要关注剧本的可拍摄性和实用性,确保故事能够在实际拍摄中落地。

4. 音频

人类的听觉是一种非常敏感的感知方式,音频内容创作通过声音的表达,能够触动人心、引起共鸣。音频内容形式多样,包括访谈类(邀请行业专家或热门人物进行访谈,分享经验与观点)、脱口秀类(以个人或团队的形式进行音频节目制作,谈论时事、娱乐等话题)、故事类(讲述有趣的故事或事件,吸引听众的兴趣)、教育类(提供知识、技能培训等内容,满足听众的学习需求)。音频创作的策略如下。

(1) 明确目标受众。

在创作音频内容前,深入了解目标受众的兴趣、需求及收听习惯,确保内容贴近他们的实际需求。

(2) 选定主题与角度。

选定热门且具吸引力的主题,并从独特视角切入,这有助于提升音频的播放率。同时,要注意内容的新颖性和深度,让听众在获得信息的同时,也引发思考。

（3）优化内容结构。

好的音频内容需要有清晰的结构和逻辑。在创作过程中，要注重内容的分段与衔接，让听众能够轻松理解你的观点。

（4）注重语言表达的清晰度和流畅度。

根据目标受众和主题，选择恰当的语言风格，以增强音频的吸引力。

（5）插入适当的背景音乐和音效。

适当的背景音乐和音效可以提升听众的收听体验。在创作过程中，要注意选择与主题相符的背景音乐和音效，以及适当的使用时机。

（6）设计吸引人的封面和标语。

美观的封面和简洁明了的标语，能够让听众快速了解播客主题。

> **引导问题7：内容运营的流程是什么？**

Naseri等（2018）学者在系统回顾文献的基础上，设计并验证了一个内容营销流程模型。该模型将内容营销总结为计划、生产、分发与传播、效果测量四个阶段。针对不同的产品及媒体平台可以调整每个阶段的具体工作内容，例如，针对以文案内容为主的微信公众号平台，测量指标调整为"阅读量"和"点赞量"更符合实际情况。

内容营销流程如图7-1所示。

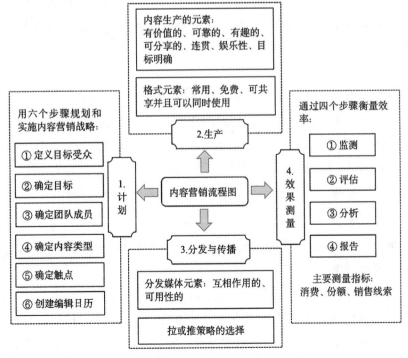

图7-1 内容营销流程

引导问题8：如何做好宴会产品的内容运营？

参考内容营销流程，结合宴会产品自身的特性，宴会产品的内容运营方法如下。

1. 分析目标受众

根据宴会主题，宴会产品可以分为婚宴、寿宴、满月宴、商务宴、中秋宴、年夜宴、成年宴、毕业宴、乔迁宴、庆功宴等，不同宴会的消费群体特征不同，可以通过线上、线下问卷形式，调查目标受众对宴会设计元素（如设计风格、菜品偏好、价格偏好等）的需求，根据调查结果，定义目标受众群体特征。

2. 确定内容类型

根据宴会群体的媒体偏好，宴会产品运营内容要针对不同平台的特点，采取多元化的载体组合策略。具体而言，微信公众号、微博适合以文案为主、图文相结合的运营内容；小红书适合文案、图片、视频等多种内容类型；抖音、视频号主攻短视频。此外，酒店官网也可以根据需要，开发支持图文、视频等多种形式的平台。目前，宴会产品运营已经覆盖到各大媒体平台，如抖音上的铂克利宴会艺术中心、微信公众号上的嘉礼宴会艺术中心等。

3. 内容生产元素

宴会产品内容的价值主要体现在宴会知识输出、与宴会举办者产生价值共鸣、分享独特有创意的宴会盛宴、情感共鸣等方面。宴会产品内容的趣味性可以通过展示宴会中有趣的娱乐活动、融入高科技（如全息投影技术等）等方式来体现。宴会产品内容设计要有主题性，主题要有连贯性，可以故事的方式将主题串联起来，激发阅览者持续关注的兴趣。

4. 可分享的格式

不同内容载体的格式不同。文案格式要求包括"推文标题、推文主题、内容格式、推文长度、原创性"；图片格式要求包括"图片、颜色、排版、文字标题或注释、原创性"；视频格式要求包括"图、文、声、时长、人物、剧情结构、转场、氛围、原创性"；音频格式要求包括"声、时长、背景音乐和音效、背景、标语、原创性"。

5. 可分发的媒体

宴会产品运营者可以利用多种免费的自媒体平台，包括微信公众号、微博、短视频平台及直播平台等，这些渠道允许他们与用户或观众进行互动。

6. 推拉策略选择

宴会产品内容在平台上的发布时间和频率不用固定，但通常认为在用户休息空档时间发布的内容更容易被关注，如吃饭前和睡觉前；发布的频率并不是越高越好，要与内容质量一起衡量，毕竟内容的质量才是最终吸引用户长期观看和形成黏性的根本原因。

7. 效果检测维度

不同平台的衡量指标不同,根据清博指数及相关研究的测评指标,测量微信公众号的传播效果的指标从显性(如阅读总数、平均阅读数、最大阅读数、点赞总数、平均点赞数、最大点赞数等)和隐性(如内容原创度、多媒体使用度、微信公众号发文质量、功能拟合度/自我定位与内容的匹配、趣味度等)两个角度考量。抖音的测量指标包括完播率、点赞率、评论率、转发率、转粉率等。小红书的测量指标包括阅读量、点击率、赞藏率、互动率、爆文率、评论数、分享量等。微博活跃度和传播度通过微博传播指数(BCI指数)来测量,指标包括发博数、原创微博数、转发数、评论数、原创微博转发数、原创微博评论数、点赞数等。

三、用户运营

> 引导问题9:什么是用户运营?

用户运营是指以用户为中心,根据用户的需求设置运营活动与规则,提高用户的活跃度和忠诚度,以达到预期所设置的运营目标与任务。

> 引导问题10:用户运营的模式是什么?

AARRR模型是Dave McClure(2007)提出的,因其掠夺式的增长方式也被称为"海盗模型"。该模型通过五个关键阶段来衡量和优化互联网公司的用户增长和留存,即用户获取(Acquisition)、用户激活(Activation)、用户留存(Retention)、用户收入(Revenue)和用户推荐(Referral)。

1. 用户获取

用户获取是产品运营的基础,最大限度地将产品信息传递给目标群体,促使目标用户深入了解产品,最终将潜在用户转化为实际用户。不同的媒体平台有不同的特点,运营者要根据平台特点进行产品信息发布的选择,在运营的初始阶段,影响消费者心理变化的关键性因素主要是产品价格和质量。新产品投入市场可以采取撇脂定价法(获取高额利润、收回投资成本)、渗透定价法(快速吸引大量消费者,最大限度地占领市场)、满意定价法(考虑制造商、中间商和消费者的利益)这三种定价方法。其主要指标是CLV(用户终身价值)及CAC(获客成本),当CLV大于CAC时获取新用户才是有意义的。

2. 用户激活

用户激活主要指在获取用户后,引导用户完成某些"指定动作",并在消费过程中强化体验,引导用户发现产品价值,实现用户流量的转化,提高用户活跃度。主要衡量指标是用户激活率、用户激活花费时长、用户日均使用时长、DAU(日活跃用户数量)与MAU(月活跃用户数量)的比例。新用户引导可以遵循增强动力、私人定制、减少障碍以及适时助推用户的原则。例如,拼多多实现用户激活的关键行为主要如下:点击分享链接,下载拼多多App,设置新手引导,参与新用户1元购活动,进行拼团购买或砍价免费拿等活动,新用户获得现金红包和新人优惠,另外,拼多多还采用信息提示(如提示商品收藏人数、活动参与人数、优惠用户数、好友交易订单量)和利益诱导(让利和百亿补贴)增强用户参与。

3. 用户留存

用户留存主要指用户反复使用产品,减少流失。通过次日留存率、七日留存率等指标衡量。提高用户留存的策略如下。

(1) 创造产品价值。

从用户的角度来看,无论品牌方如何丰富内容、加强营销或提升用户体验,用户是否会重复购买产品的根本原因在于产品是否能满足其需求,甚至为其创造额外的价值。

(2) 打造私域流量池。

私域流量中的"强关系"有助于实现重复触达、增强用户黏性,进而建立品牌忠诚度并提升变现能力,此外,私域流量还能有效追踪消费者行为,帮助建立详尽的用户画像。对于品牌方而言,私域流量有助于实施用户分层管理、精准营销以及流失用户激活等精细化运营策略。要打造好私域流量池,需要商家为用户提供真正有价值的产品与服务,与用户建立信任链接,关键在于提供高质量的内容、设置吸引人的粉丝福利机制、进行精细运营、建立用户成长体系及强化互动链接。

4. 用户收入

用户收入指的是品牌方从价值用户上获取收益,这一环节的前提是用户获取和用户留存。主要衡量指标是ARPU(每用户平均收入)和LTV(生命周期总价值)。在不同平台上,用户收入的获取方式不同:微信通过投放广告、链接购买商品等形式变现;抖音、小红书采用短视频橱窗、直播打赏、直播卖货等形式变现;社群主要通过网站或商品链接的形式变现。通过货品售卖来实现变现的运营策略要特别注意商品的类型是否符合用户需求、商品是否能为用户带来价值和好的体验。

5. 用户推荐

用户推荐就是激发用户传播的欲望,无须借助过多外力,产品自身激发用户间的自发传播,用户推荐往往会随着传播产生社交裂变,带来指数级增长。用户推荐的关键指标是K因子(推荐系数),K＝用户向好友发出的邀请数量/收到邀请并转化为新用户的转化效率。如果K＞1,用户数量就会实现快速增长;如果K＜1,用户数量就会逐渐停止增长。用户推荐主要有激励推荐和自主推荐两种形式:激励推荐主要通过给用户发放福利(如返现、优惠券、满减、点赞赢礼品等)的形式,鼓励用户通过社交平台将产品推荐给亲朋好友,甚至是因为极低的折扣吸引有需要的陌生人加入推荐社区;自主推荐是用户自愿推荐某种产品给亲朋好友的形式,能够被用户自主推荐的产品往往能极大地满足用户的精神需求,产生情感共鸣。

AARRR模型如图7-2所示。

图7-2　AARRR漏斗模型

引导问题11:宴会产品如何开展用户运营?

1. 用户获取

为了推广新的主题宴会产品并吸引用户,可以通过多渠道平台发布各种形式的优质内容。例如,在抖音上发布短视频和进行直播,利用小红书、微信公众号、微博等平台发布文案和图片。同时,线下酒店门店的接触点,如前台、电梯、客房、餐厅等,也可以通过展示图片和视频等形式来推广并吸引顾客。定价方面可采取分阶段策略,宴会推广初期进行渗透定价,最大限度获取客流量,后期根据市场反应适当对价格做出调整,以获得更多利润。

2. 用户激活

宴会产品有独特的服务属性和体验属性,激活用户的重点要更多地要放在全流程服务和线下活动体验上。为此,可以通过鼓励用户关注公众号,并在朋友圈转发活动信息集赞的方式,获得一次免费定制主题宴会或低价体验线下主题菜品的活动,以此来激活用户。

3. 用户留存

高端宴会私人定制、一体化、一站式服务的打包产品更能让用户省心,这符合大部分用户的需求,为用户带来高附加值。酒店或餐饮企业可以利用内部客户关系管理系统中的私域流量优势,分层建立本地社群,通过线上发放福利、互动活动等方式进行精准营销,同时,通过线下的客户拜访、赠送礼品等手段,进一步加深与本地客户的信任与联系。当高端定制宴会服务与本地旅游资源相融合,打造出既个性化又充满体验感的整合产品时,不仅能够提升宴会运营的品质,还能激发周边城市客户对异地举办宴会(如婚宴、公司团建等)的兴趣,从而拓展更广阔的市场。

4.用户收入

在各类媒体平台上,通过发布文案、网红直播推广、达人探店视频等多种形式,展示并销售宴会产品体验券以及高端定制套餐等,利用橱窗展示或提供直接购买链接。

5.用户推荐

通过各种拼团购、折扣、优惠券、返利等福利形式,激励用户推荐亲朋好友体验主题宴会产品或到店定制和举办宴会。用户推荐的根本还是要做好宴会全流程服务,提高用户体验感和满意度,用真诚打动用户,让用户发自内心地自主推荐。

四、活动运营

引导问题12:什么是活动运营?

活动运营是围绕企业目标而系统地开展一项或者一系列活动。

引导问题13:活动运营的流程是什么?

完整的活动运营流程可以参考3个阶段、10个环节,即策划阶段(阶段计划、目标分析、玩法设计、物料资源)、执行阶段(活动预热、活动发布、活动执行、活动结束)、收尾阶段(后期发酵、效果评估)。

1.阶段计划

阶段计划是指活动运营者要在当年年底预估下一年的重要时间活动,如国家法定节假日、企业周年庆、自创活动日("双11"购物狂欢节)等的活动,制定出详尽的一整年活动安排。

2.目标分析

目标分析是指在活动开始前,活动运营者先根据企业目标确定活动目标,然后将活动目标分解,并据此设计活动玩法,确保玩法与目标紧密融合,以期达成既定目标。例如,2024年春节期间抖音开展了分享视频给微信朋友、领红包的活动,以裂变形式从微信平台吸引用户。

3.玩法设计

玩法设计是活动的灵魂,丰富多彩的跨界活动和脑洞大开的创意活动才能吸引用户。例如,瑞幸与茅台联名,借助茅台的影响力,以9.9元的低价策略成功突围,向更高端的商务市场迈进;而茅台借助瑞幸平台,不仅推广了其独特的酱香口味,还有效培养了年轻化的消费群体。

4.物料资源

物料资源是活动运营推广不可或缺的重要素材,需要提前准备。线下物料资源包括易拉宝、宣传单、条幅等,线上物料资源包括海报、视频、文案等。

5. 活动预热

活动预热指在正式活动开始之前,通过一系列的宣传和推广活动,为活动的顺利进行营造良好的氛围,吸引目标受众的参与。预热的方式多种多样,比如制造神秘感(如麦当劳在礼盒上市前夕,通过微博发布"我们的汉堡竟然不翼而飞,猜猜是谁干的?"这样的趣味信息),展示礼品亮点(利用海报、视频等形式,突出礼品的新颖独特、高颜值或创意设计),促进留言互动(周杰伦的歌曲《圣诞星》发布前,微信公众号发起猜测歌名的活动),设置倒计时提醒("双11"购物狂欢节活动前,天猫商家提前公布产品折扣力度,并设置倒计时提醒功能)等。

6. 活动发布

活动的正式发布应当采取多渠道策略,实现线上与线下同步推进。同时,需确保做好一系列支持性工作,包括活动参与人数的预估与管理、产品销售数量的监控与调配,以及后台管理的稳定运行与优化。

7. 活动执行

活动执行是保障活动圆满成功的基石。运营者需借助详尽具体的表单来统筹安排活动涉及的人员、事务及物资等关键要素。在规划活动事项时,可采用甘特图这一工具,以直观展示活动进度。例如,某答谢酒会的活动执行详细方案中,就明确列出了时间节点、负责人及具体的执行内容,确保每一项任务都清晰明了(图7-3)。

图7-3 活动运筹表

8. 活动结束

活动结束后,活动运营者要对工作人员、志愿者、赞助商、媒体等表达感谢。线下活动要及时清理现场,恢复环境整洁。

9. 后期发酵

值得注意的是,活动的结束仅是形式上的告一段落,活动运营者还要借助活动热度,持续发酵,如整理活动过程中的照片、视频、留言截图等,进行二次传播。

10. 效果评估

活动效果评估与复盘非常重要。活动效果评估要以活动目标为基准。活动不是单独设定的,它通常与产品运营、内容运营、用户运营等目标紧密相连。因此,在评估活动效果时,需依据相应的评估指标,例如,若活动旨在吸引新用户,则主要评估指标为新注册用户数;若活动目的是提高新用户留存率,则应重点关注1~7日内的用户留存情况。复盘则是将预期效果与实际成效进行对比的过程,通过深入复盘活动,可以总结成功经验与失败教训,进而优化工作方法,提升团队的整体效能。

引导问题14:如何设计一场精彩的酒店主题宴会推广活动?

主题宴会活动运营主要从目标分析、玩法设计、物料准备、活动预热、活动执行、活动发酵和效果评估等方面进行分析。

1. 目标分析

此次活动的目的是推广酒店所设计的主题宴会,吸引新老用户前来酒店举办各类宴会,提升酒店宴会品牌的认知度和忠诚度。

2. 玩法设计

在宴会领域,跨界活动较为罕见,但是我们可以尝试多个角度开启宴会活动新玩法,激发用户参与的兴趣。一是内容跨界,如与高端汽车品牌合作,互相植入对方的品牌,共同吸引高端客户,从而提升酒店宴会品质感;二是圈层跨界,如与热门游戏合作,开发专属婚礼宴会场景,以此吸引年轻消费群体;三是IP跨界,如通过线上线下宣传融入某卡通形象,吸引儿童家长群体,激发他们的参与兴趣。

3. 物料准备

物料准备包括线上资源(如海报、图文内容、音视频等)和线下资源(如宣传广告单等)的准备。

4. 活动预热

活动预热可以采用以下几种方式:创造神秘氛围,如邀请神秘嘉宾到宴会活动现场,透露一点信息,给大家猜测的空间;"晒"礼品,展示高端礼品及可直接抵扣的现金券;留言互动,如提供一张图片,邀请大家为主题宴会命名;倒计时提醒,通过倒计时增加活动的期待感。

5. 活动执行

在明确任务分配、完成时限及负责人的基础上,制定详尽的活动统筹甘特图,涵盖策划、执行与收尾三个阶段。

6.活动发酵

收集活动现场的照片、视频及留言截图等,或者继续就活动进行嘉宾直播访谈,进行二次传播。

7.效果评估

根据活动目标,评估指标主要包括新关注用户数、老用户活跃程度、品牌认知情况、品牌忠诚度、宴会预订数、宴会好评数等。

1.能根据给定数据,完成主题宴会的产品运营,上传至在线学习平台,并进行阐述。

2.能根据给定数据,完成主题宴会的内容运营,上传至在线学习平台,并进行阐述。

3.能根据给定数据,完成主题宴会的客户运营,上传至在线学习平台,并进行阐述。

4.能根据给定数据,完成主题宴会的活动运营,上传至在线学习平台,并进行阐述。

工作任务评价表

任务评价内容	分数					
	优	良	中	可	差	劣
	10	8	6	4	2	0
1.熟悉宴会运营过程的各种单据						
2.能制作详细的宴会预订单						
3.能制作详细的宴会任务通知单						
4.能辨别符合法律规范的宴会合同						
5.能设计宴会培训单						

续表

任务评价内容	分数					
	优	良	中	可	差	劣
	10	8	6	4	2	0
6.能设计合理的宴会人员安排表						
7.掌握宴会成本构成						
8.能理解宴会成本控制的关键点						
9.能理解如何进行宴会成本控制						
10.熟悉宴会数字化管理工具						
总分						
等级						

A＝90分及以上；B＝80～89分；C＝70～79分；D＝60～69分；E＝60分以下

学习态度评价表

学习态度评价项目	分数					
	优	良	中	可	差	劣
	10	8	6	4	2	0
1.言行得体,服装整洁,容貌端庄						
2.准时上课和下课,不迟到、早退						
3.遵守秩序,不吵闹喧哗						
4.阅读讲义及参考资料						
5.遵循教师的指导进行学习						
6.上课认真、专心						
7.爱惜教材、教具及设备						
8.有疑问时主动寻求协助						
9.能主动融入小组合作和探讨						
10.能主动使用数字平台工具						
总分						
等级						

A＝90分及以上；B＝80～89分；C＝70～79分；D＝60～69分；E＝60分以下

项目七 主题宴会运营与管理

 任务总结

目标总结:主题宴会运营主要包括产品运营、内容运营、用户运营和活动运营四个方面。其中,用户运营是核心、产品运营是根基、内容运营是纽带、活动运营是手段。

用户运营指以用户为中心,根据用户的需求设置运营活动与规则,提高用户的活跃度和忠诚度,以达到预期所设置的运营目标与任务。用户运营可以采用AARRR模型,从用户获取、用户激活、用户留存、用户收入、用户推荐等方面设计运营策略。

产品运营是通过运用各种运营手段来更好地连接用户和产品。遵循产品研发、产品内测、产品成长、产品成熟、产品衰退五个阶段的生命周期,每个阶段要抓住核心任务,如用户需求分析、产品活动策划、用户维护、产品更新等。

内容运营是一种专注于利用新媒体的多种形式(如文字、图片、视频、音频等)来推广品牌或产品,并向用户传递有价值信息的运营方式。内容运营可以参考内容营销流程模型,宴会内容运营主要从分析目标受众、确定内容类型、内容生产元素、可分享的格式、可分发的媒体、推拉策略、效果检测维度等几个方面展开。

活动运营是指围绕企业目标而系统开展的一项或者一系列活动。活动运营通常与其他三种运营相结合,根据运营目标设置运营评价指标。宴会运营可以参考三个阶段、十个运营环节开展,其中,玩法设计是活动运营的灵魂,需要有跨界思维和创新意识。

收获与体验:＿＿＿＿＿＿＿＿＿＿＿＿＿＿＿＿＿＿＿＿＿＿＿＿＿＿＿＿
＿＿＿＿＿＿＿＿＿＿＿＿＿＿＿＿＿＿＿＿＿＿＿＿＿＿＿＿＿＿＿＿＿＿＿＿
＿＿＿＿＿＿＿＿＿＿＿＿＿＿＿＿＿＿＿＿＿＿＿＿＿＿＿＿＿＿＿＿＿＿＿＿

任务二　主题宴会管理

 任务情境

经过三个月的宴会运营推广,酒店营销部接到大量不同主题的宴会订单,为了线下宴会的成功举办,酒店营销部、宴会部、餐饮部、工程部等多个部门需要通力合作,通过文档共享来传递信息,并有效组织安排各项任务。同时,还要做好成本控制,以提高宴会销售的毛利率。

 **任务要求**

通过本任务,明确主题宴会管理工作的内容、要求及目标,为顾客提供与营销宣传一致的宴会服务,提高顾客满意度,提升酒店宴会口碑。具体如下。

具体内容、要求及目标

内容	要求	目标
文档管理	内容要详细、具体、明确	知识目标:掌握宴会文档的类型和内容 能力目标:能制作宴会各类文档 素质目标:提升全面思考的思维方式
组织管理	安排要合理、具体、明确	知识目标:掌握宴会组织的内容 能力目标:能合理组织安排宴会活动 素质目标:具备统筹全局的能力
成本控制	合理控制,保证宴会质量	知识目标:掌握宴会成本控制的内容和方法 能力目标:能用科学的方法控制宴会的举办成本 素质目标:具备敏锐的数据思维

 **任务实施**

学生分组表

班级		组名		组长		指导老师	
组员	学号		姓名		任务		汇报轮转顺序
备注							

任务实施计划

资料搜集整理	
任务实施计划	

一、宴会文档管理

引导问题1：宴会组织管理过程中的文档都有哪些？

宴会组织管理过程中的文档主要包括宴会预订单、宴会BEO、宴会服务合同等。

1. 宴会预订单

宴会预订单是记录宴会预订方与承办方沟通协调的关于宴会预订的相关信息的单据，通常包含预订人基本信息、用餐安排信息、特殊要求、收费项目、预付定金、宴会菜单，以及双方约定的相关事宜等。

宴会预订单示例如图7-4所示。

2. 宴会BEO

宴会BEO是指宴会活动工单，是酒店经常使用的向有关人员提供具体的食物和饮料服务或场地布置具体信息的表单。宴会BEO与宴会预订单既有联系又有区别，宴会BEO不仅包括部分宴会预订单的信息，还包括其他部门应该配合的工作内容。在制作宴会活动工单时，制作者需清晰指明其他部门的工作时间、具体任务等内容。

宴会活动工单参考模板如图7-5所示。

图 7-4　宴会预订单示例　　　　　图 7-5　宴会活动工单参考模板

3. 宴会服务合同

宴会服务合同是餐饮企业与消费者之间，在宴会预订事宜上达成的一致协议，具备法律效力。此合同在双方就预订单内容协商一致后签订，旨在明确界定预订方与酒店各自的责任与义务，确保双方权益不受损害。合同内容通常涵盖宴会预订的具体时间、地点、服务标准、桌数、预付定金、取消宴会的赔偿条款、合同终止条件以及其他相关约定事项。

> **引导问题 2：如何进行数字化的宴会文档管理？**

目前，很多酒店使用软件工具来实现数据的在线收集、存储与管理。例如，星级酒店最早应用的 Opera 是一套综合性的销售与宴会服务管理应用程序，它与 PMS 共享一个整合数据库，能够实时访问，具备客户联系人管理、时间管理、团队与时间安排、菜单与项目管理、餐饮服务套餐定制、活动模板设置等多项功能。近年来，国内也涌现出了一批自主研发、专门针对宴会管理的软件。这些软件能够在线完成客户信息录入、宴会厅管理、合同与财务管理等全流程操作。以 51 宴会管理系统为例，它覆盖了从新建客户档案、宴会预订、合同签订、宴会执行管理、单据生成、宴会开始到最终结算的完整宴会管理全过程。

Opera 销售与宴会服务应用程序示例如图 7-6 所示。51 宴会管理系统逻辑示例如图 7-7 所示。

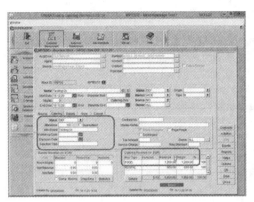 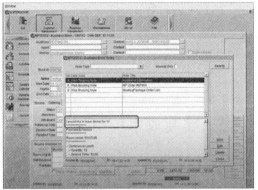

图7-6 Opera销售与宴会服务应用程序示例

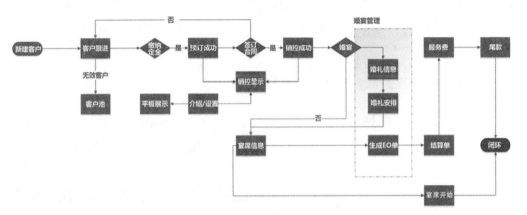

图7-7 51宴会管理系统逻辑示例

二、宴会组织管理

引导问题3：宴会部是如何组织的？

中小型酒店的餐饮服务仅限于零点餐厅和包间，未配备专门的宴会厅，因此一般不设立专门的宴会部门。相比之下，大型酒店则拥有多个宴会厅，以餐位众多、经营面积广阔、营业额高为特点，能够承接大型宴会、会议等多种活动，通常设有专门的宴会部。宴会部通常隶属于餐饮部，设有宴会部经理，经理下设宴会主管、宴会领班、服务员、迎宾员、传菜员等岗位，较为独立的宴会部还设有专门的厨房和宴会销售岗位。

引导问题4：宴会组织的内容包括哪些？

宴会组织内容主要包括下派任务、人员安排、培训安排等内容。

下派任务就是将前面所讲的宴会BEO发放给各个相关部门，由各部门负责人安排员工配合宴会部完成宴会接待服务工作，按时参加宴会部的宴前培训任务。

宴会组织过程中,科学、合理、具体的服务人员数量安排能提高宴会的服务效率、服务质量,降低成本,提高顾客的满意度。通常,高端宴会主桌可以安排每桌1位服务员提供服务,普通桌由1位服务员为2~3桌提供服务,主桌配1位传菜员,其他桌1位传菜员可为4~6桌提供传菜服务,收餐可由服务人员、传菜员、迎宾员共同完成。

三、宴会成本控制

引导问题5:为什么要进行宴会成本控制?宴会成本包括哪些?

通过优化成本,酒店可以在保持或提高服务质量的同时,降低成本,提高酒店竞争力,提高利润率。宴会成本主要包括人力资源成本、物料采购成本、能源消耗成本、营销成本等。

引导问题6:宴会成本控制的关键是什么?

1. 建立完善的成本控制系统

通过科学的方法和技术,对酒店的各项成本进行详细的分析和控制,具体包括以下几个方面。

(1)制定明确的成本控制目标。酒店需要根据自身的经营策略和市场环境,制定明确的成本控制目标。这些目标应该是具体的、可衡量的、可达成的、相关的和有时间限制的(SMART原则)。

(2)使用有效的成本控制工具。酒店可以使用预算管理、标准成本法等工具,对成本进行详细的分析和控制。预算管理可以帮助酒店预测未来的成本,而标准成本法可以帮助酒店比较实际成本和标准成本,从而找出成本控制改进点。

(3)建立有效的成本控制流程。酒店需要建立有效的成本控制流程,确保成本控制的工作能够有序进行。这个流程应该包括成本的识别、测量、分析、控制和改进等步骤。

(4)建立专门的成本控制部门。酒店可以设立专门的成本控制部门,负责成本控制的工作。这个部门应该有足够的权力和资源,以确保成本控制的有效进行。

2. 增强员工的成本意识

通过培训和激励,让员工明白节约成本的重要性,从而在日常工作中主动节约成本。具体包括以下几个方面。

(1)提供成本控制的培训。酒店可以定期为员工提供成本控制的培训,增强员工的成本意识。这种培训可以包括成本控制的基础知识、成本控制的方法和技巧等内容。

(2)设立节约成本的激励机制。酒店可以设立节约成本激励机制,鼓励员工在日常工作中节约成本。这种激励可以是物质的,如奖金或福利;也可以是精神的,如表扬或认可。

(3)建立节约成本的文化。酒店需要建立节约成本的文化,让节约成本成为酒店的一种常态。这种文化应该体现在酒店的各个方面,如领导的行为、员工的行为、酒店的政策和规定等。

引导问题7:如何进行宴会成本控制?

1. 人力成本

(1)提高员工工作效率。通过培训和技能提升,提高宴会员工的工作效率,减少临时工的数量。

(2)优化人员配置。根据顾客需求、宴会规格档次,合理调整人员配置安排,避免人力资源的浪费。

(3)引入数字技术。利用先进的技术和设备,如从场地预订、婚庆策划到婚宴服务,都可以通过线上平台实现,降低人员沟通成本,提高效率。

2. 物料成本

(1)集中采购。通过与供应商进行长期合作,集中采购物料(菜品原材料、宴会场地布置材料等),以获得更好的价格和优惠条件。

(2)优化库存管理。通过精确的需求预测和库存管理系统,避免过多的库存积压,降低物料的过期和损耗。

(3)寻找替代供应商。定期评估供应商的绩效,并寻找更具竞争力的供应商,以降低物料成本。

(4)技术应用。将5D全息技术应用到宴会当中,根据宴会需求转换场景,提高了空间的利用率,为顾客带来沉浸式宴会体验,降低真实宴会场景设计的物料采购成本。

3. 能源成本

(1)节能设备和技术。采用节能设备和技术,如LED照明、高效空调系统等,降低能源消耗。

(2)能源监测和管理。建立能源监测系统,实时监控能源使用情况,及时发现和解决能源浪费问题。

4. 营销成本

(1)精准营销。人工智能和大数据分析宴会的客流量、消费习惯等信息,为酒店提供精准的营销策略,减少时间成本和机会成本。

(2)社交媒体营销。利用社交媒体平台进行宣传和推广,降低传统广告媒体的成本,并扩大品牌影响力。

(3)客户关系管理(CRM)。建立和维护客户数据库,通过定期沟通和关怀,提高客户忠诚度,降低客户流失率。

任务呈现

1.制作宴会预订单、通知单、合同、培训表、人员安排表,并上传至在线学习平台。

2.能制定一份宴会成本控制方案,上传在线学习平台,并进行阐述。

任务评价

工作任务评价表

任务评价内容	分数					
	优	良	中	可	差	劣
	20	16	12	8	4	0
1.掌握顾客接待流程						
2.掌握顾客沟通策略						
3.掌握顾客需求分析方法						
4.能顺利进行顾客接待与沟通						
5.能进行顾客个性化需求分析						
总分						
等级						

A=90分及以上;B=80~89分;C=70~79分;D=60~69分;E=60分以下

学习态度评价表

学习态度评价项目	分数					
	优	良	中	可	差	劣
	10	8	6	4	2	0
1.言行得体,服装整洁,容貌端庄						
2.准时上课和下课,不迟到、早退						
3.遵守秩序,不吵闹喧哗						

续表

学习态度评价项目	分数					
	优	良	中	可	差	劣
	10	8	6	4	2	0
4.阅读讲义及参考资料						
5.遵循教师的指导进行学习						
6.上课认真、专心						
7.爱惜教材、教具及设备						
8.有疑问时主动寻求协助						
9.能主动融入小组合作和探讨						
10.能主动使用数字平台工具						
总分						
等级						

A=90分及以上;B=80～89分;C=70～79分;D=60～69分;E=60分以下

任务总结

目标总结:主题宴会管理主要包括宴会文档管理、宴会组织管理和宴会成本控制三个方面。在如今的数字化时代,酒店基本实现了数字化的管理方式,也有专门针对宴会而设计的从预订开始到宴会结束的全流程的宴会管理软件。

宴会的文档主要包括宴会预订单、宴会BEO、宴会服务合同等。合理制定这些文档的前提是要充分理解顾客的需求。不论是手工制作文档,还是在线平台生成文档,这个过程都需要制作文档的负责人做到统筹全局、心中有数和细心。

宴会组织管理主要是宴会开始前的工作,宴会执行过程都是依据宴会前的组织安排培训来完成的。宴前的组织工作包括下派任务单给其他部门、安排人员培训计划、人员现场培训等。宴会组织过程中,科学、合理、具体的服务人员数量安排能提高宴会的服务效率和顾客满意度。

宴会成本控制是酒店成本控制的一部分,将影响酒店的营收和利润。宴会的成本主要包括人力成本、物料成本、能源成本、营销成本等。宴会成本控制的前提是酒店有周期性的成本预算,能控制好成本的关键是全员控制成本意识的形成。具体的成本控制除了传统做法,数字技术和人工智能的合理使用也将大大提高成本控制的效率,同时能保证或提高顾客的体验感。

收获与体验:_____

项目七
彩图

参 考 文 献

[1] 王云花,邓翠艳.基于大数据的客户画像构建与精准营销策略研究[J].信息系统工程,2024(7):141-144.

[2] 段喜莲.主题宴会设计:内涵、要素与创新[J].现代商贸工业,2021(24):38-39.

[3] 叶伯平.宴会设计与管理[M].5版.北京:清华大学出版社,2017.

[4] 李思熠,王玮,蔡嘉璐.色彩搭配在民宿设计中的应用[J].艺术科技,2019,32(17):2.

[5] 张为清.色彩在室内空间设计中的应用研究[J].色彩,2023(8):35-37.

[6] 叶伯平.宴会设计与管理[M].北京:清华大学出版社,2017.

[7] 陈戎.宴会设计[M].桂林:广西师范大学出版社,2018.

[8] 杨程.宴会设计与服务[M].北京:清华大学出版社,2023.

[9] 叶伯平.宴会设计与管理[M].3版.北京:清华大学出版社,2021.

[10] 胡以婷.宴会设计与管理[M].南京:江苏大学出版社,2021.

[11] 邢宁宁,徐菱玲,蔡铭志,等.酒店员工的情绪智力在处理顾客投诉事件中的应用研究[J].旅游论坛,2022,15(2),55-63.

教学支持说明

为了改善教学效果,提高教材的使用效率,满足高校授课教师的教学需求,本套教材备有与纸质教材配套的教学课件和拓展资源(案例库、习题库等)。

为保证本教学课件及相关教学资料仅为教材使用者所得,我们将向使用本套教材的高校授课教师赠送教学课件或者相关教学资料,烦请授课教师通过加入酒店专家俱乐部QQ群或公众号等方式与我们联系,获取"电子资源申请表"文档并认真准确填写后发给我们,我们的联系方式如下:

地址:湖北省武汉市东湖新技术开发区华工科技园华工园六路

邮编:430223

酒店专家俱乐部QQ群号:710568959

群名称:酒店专家俱乐部
群　号:710568959

扫码关注
柚书公众号

电子资源申请表

填表时间：_____年___月___日

1. 以下内容请教师按实际情况写，★为必填项。
2. 根据个人情况如实填写，相关内容可以酌情调整提交。

★姓名		★性别	□男 □女	出生年月		★职务	
						★职称	□教授 □副教授 □讲师 □助教

★学校		★院/系	
★教研室		★专业	
★办公电话		家庭电话		★移动电话	
★E-mail（请填写清晰）		★QQ号/微信号	
★联系地址		★邮编	

★现在主授课程情况	学生人数	教材所属出版社	教材满意度
课程一			□满意 □一般 □不满意
课程二			□满意 □一般 □不满意
课程三			□满意 □一般 □不满意
其 他			□满意 □一般 □不满意

教 材 出 版 信 息						
方向一		□准备写	□写作中	□已成稿	□已出版待修订	□有讲义
方向二		□准备写	□写作中	□已成稿	□已出版待修订	□有讲义
方向三		□准备写	□写作中	□已成稿	□已出版待修订	□有讲义

　　请教师认真填写表格下列内容，提供索取课件配套教材的相关信息，我社根据每位教师填表信息的完整性、授课情况与索取课件的相关性，以及教材使用的情况赠送教材的配套课件及相关教学资源。

ISBN（书号）	书名	作者	索取课件简要说明	学生人数（如选作教材）
			□教学 □参考	
			□教学 □参考	

★您对与课件配套的纸质教材的意见和建议，希望提供哪些配套教学资源：